计算机网络原理与应用

主　编　吴阳波　廖发孝

副主编　万明秀　莫小灵　何　巍

　　　　刘志杰　习　军　胡　浩　刘明启

参　编　陈　竦　张云鹏

北京理工大学出版社
BEIJING INSTITUTE OF TECHNOLOGY PRESS

内 容 简 介

本书共8章，主要分为3篇，分别为基础篇、提升篇和案例篇。其中，第1～4章为基础篇，主要内容为计算机网络概述、数据通信基础、计算机网络体系结构、IPv4编址方法。第5～7章为提升篇，主要内容为局域网原理与组网技术、网络互联与广域网接入技术和网络安全。第8章为案例篇，主要对交换技术的经典案例进行讲解。

本书遵循"易学、易教、内容新"的编写理念，以培养学生的应用能力为主要目标，理论与实践并重，并强调理论与实践相结合。

本书既可以作为应用型本科高校计算机网络工程专业、物联网工程专业和计算机类的其他专业"计算机网络"课程的教学用书，也可以作为从事计算机网络工程技术和管理人员的参考资料。

图书在版编目（CIP）数据

计算机网络原理与应用/吴阳波，廖发孝主编. —北京：北京理工大学出版社，2017.10
（2021.1重印）
ISBN 978-7-5682-4938-6

Ⅰ. ①计…　Ⅱ. ①吴…　②廖…　Ⅲ. ①计算机网络－高等学校－教材　Ⅳ. ①TP393

中国版本图书馆 CIP 数据核字（2017）第 263731 号

出版发行 / 北京理工大学出版社有限责任公司
社　　　址 / 北京市海淀区中关村南大街 5 号
邮　　　编 / 100081
电　　　话 / （010）68914775（总编室）
　　　　　　（010）82562903（教材售后服务热线）
　　　　　　（010）68948351（其他图书服务热线）
网　　　址 / http://www.bitpress.com.cn
经　　　销 / 全国各地新华书店
印　　　刷 / 唐山富达印务有限公司
开　　　本 / 787 毫米×1092 毫米　1/16
印　　　张 / 14　　　　　　　　　　　　　　　　责任编辑 / 陈莉华
字　　　数 / 335 千字　　　　　　　　　　　　　　文案编辑 / 陈莉华
版　　　次 / 2017 年 10 月第 1 版　2021 年 1 月第 3 次印刷　　责任校对 / 周瑞红
定　　　价 / 38.00 元　　　　　　　　　　　　　　责任印制 / 施胜娟

前　言

本书是为了适应应用型本科高校计算机各专业的教学需求，贯彻落实 21 世纪本科教育应用型人才培养规格，遵循"知识、能力、素质、创新"的教改思想和教学方法而编写的。

计算机网络技术是通信技术与计算机技术相结合的产物，也是当今信息科学技术中的一个热门领域，在过去的几十年得到了快速的发展。本书从基本的原理谈起，结合中兴通讯设备进行了详细的讲述，可使学生掌握计算机网络技术的原理、网络产品配置与维护知识，了解目前网络技术的最新进展和实际应用。

本书紧密结合 MIMPS 教学方法，分为基础篇、提升篇、案例篇 3 篇。

基础篇设计的主要目的是夯实学生基础，主要介绍了网络的基本概念，OSI 参考模型和 TCP/IP 协议族，重点讲解了 IPv4 的编址方法。

提升篇主要在组网技术、网络互联、网络安全等知识方面进行讲解，主要培养学生的设计能力、计划能力、合作能力和表达能力，是基础篇的进一步提高。

案例篇的设计以就业为导向，侧重于问题解决和故障排查，更加符合实际工作模型及企业发展趋势，突出实用，以解决实际岗位问题为核心，主要结合现网经典项目和工程实践，从病毒防治、数据抓包、交换路由、项目设计等方向精选了多个案例。

本书的编写以培养学生的应用能力为主要目标，理论与实践并重，并强调理论与实践相结合。在内容编排上，力求循序渐进、举一反三、突出重点、通俗易懂；既注重培养学生分析问题的能力，也注重培养学生思考问题、解决问题的能力，使学生真正做到学以致用。

本书由吴阳波、廖发孝担任主编，万明秀、莫小灵、何巍、刘志杰、习军、胡浩、刘明启担任副主编，瑞声达听力技术（中国）有限公司的陈竦和闽南理工学院的张云鹏参与了本书的编写，中兴通讯信息学院提供案例支持，全书由吴阳波负责统稿。编者在编写本书的过程中参考了许多优秀的中外教材及网络资料，在此对所引用文献的作者表示衷心的感谢。

由于计算机网络是一门内容丰富、不断发展的综合性学科，加之作者学术水平有限，书中不妥之处在所难免，敬请各位专家和广大读者批评指正。

编　者

2017 年 3 月

目 录

基 础 篇

提　升　篇

案 例 篇

>>> 基础篇

第1章 计算机网络概述

计算机网络是当今较热门的学科之一，在短短的几十年里取得了飞速的发展，因特网（Internet）深入到千家万户，网络已经成为一种全社会的、经济的、快速的获取信息的必要手段和生活娱乐方式。那么，到底什么是计算机网络？它的产生和发展历程又是怎样的？它在我国的发展又经历了怎样的过程？为了帮助初学者对计算机网络有一个全面、感性的认识，本章将从介绍计算机网络发展历程入手，对网络的功能、定义、分类、结构、应用及在我国的发展状况等进行系统介绍。

1.1 计算机网络简介

1.1.1 计算机网络的产生与发展

计算机网络是计算机技术与通信技术紧密结合的产物，它涉及通信与计算机两个方面。它的诞生使计算机体系结构发生了巨大变化，在当今社会中起着非常重要的作用，对人类社会的进步作出了巨大贡献。从某种意义上讲，计算机网络的发展水平不仅反映一个国家的计算机科学和通信技术水平，而且已经成为衡量其国力及现代化程度的重要标志之一。纵观计算机网络的发展历史可以发现，计算机网络发展与其他事物的发展一样，也经历了从简单到复杂、从低级到高级、从单机到多机的过程，大体上可以分为5个时期。在这期间，计算机技术和通信技术紧密结合、相互促进、共同发展，最终产生了今天的 Internet。

1. 面向终端的通信网络阶段

1946 年，世界上第一台电子计算机 ENIAC（Electronic Numerical Integrator and Computer）诞生，随着半导体技术、磁记录技术的发展和计算机软件的研发，在计算机应用过程中大量复杂的信息需要收集、交换和加工。特别是在 20 世纪 50 年代中期至 60 年代末期，计算机技术与通信技术初步结合，形成了计算机网络的雏形——面向终端的计算机网络。最典型的代表是美国航空公司使用的由一台中心计算机和全美范围内 2 000 多个终端组成的机票预订系统。这种由一台中央主机通过通信线路连接大量的地理上分散的终端，构成面向终端的通信网络，也称远程联机系统。这是计算机网络的雏形，如图 1-1 所示。

远程联机系统最突出的特点是终端无独立的处理能力，单向共享主机的资源（硬件、软件），所以称为面向终端的计算机网络。这种网络结构属集中控制方式，可靠性低。

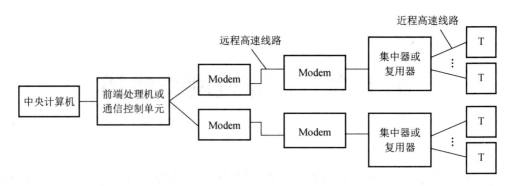

图 1-1 远程联机系统

2. 计算机网络阶段

随着计算机应用的发展及计算机的普及和价格的降低，在 20 世纪 60 年代中期出现了多台计算机通过通信系统互连的系统，开创了"计算机-计算机"通信时代，这样分布在不同地点且具有独立功能的计算机就可以通过通信线路，彼此之间交换数据、传递信息，如图 1-2 所示。

图 1-2 计算机-计算机网络

第二代计算机网络的主要特点是资源的多向共享、分散控制、分组交换，采用专门的通信控制处理机、分层的网络协议。这些特点往往被认为是现代计算机网络的典型特征，但是这个时期的网络产品彼此之间是相互独立的，没有统一标准。

3. 计算机网络互联阶段

1984 年，国际标准化组织 ISO（International Organization for Standardization，ISO）正式制定并颁布了"开放系统互联参考模型"（Open Systems Interconnection Reference Model，OSI RM），即著名的 OSI 七层模型。OSI RM 已被国际社会所公认，成为研究和制定新一代计算机网络标准的基础。从此，网络产品有了统一标准，促进了企业的竞争，大大加速了计算机网络的发展，并使各种不同的网络互联、互相通信成为现实，实现了更大范围内的计算机资源共享。

4．Internet 与高速网络阶段

目前计算机网络的发展正处于第四阶段。这一阶段计算机网络发展的特点是互联、高速、智能与更为广泛的应用。Internet 是覆盖全球的信息基础设施之一，用户可以利用 Internet 实现全球范围的信息传输、信息查询、电子邮件、语音与图像通信服务等功能。

小知识：Internet 和 internet 的区别

以小写字母 i 开头的 internet（互联网）是一个通用名词，它泛指由多个计算机网络互联而成的网络。

以大写字母 I 开头的 Internet（因特网）则是一个专用名词，它指当前全球最大的、开放的、由众多网络相互连接而成的特定计算机网络，它采用 TCP/IP（Transmission Control Protocol/Internet Protocol，传输控制协议/网际协议）协议族作为通信的规则，且其前身是美国的 ARPANET。

5．云计算和物联网阶段

1）云计算

云计算（Cloud Computing）最早是由谷歌公司提出的。它基于互联网相关服务的增加、使用和交付模式，通常涉及通过互联网来提供动态易扩展且经常是虚拟化的资源。美国国家标准与技术研究院（National Institute of Standards and Technology，NIST）定义：云计算是一种按使用量付费的模式，这种模式提供可用的、便捷的、按需的网络访问，进入可配置的计算资源共享池（资源包括网络、服务器、存储、应用软件、服务），这些资源能够被快速提供，只需投入很少的管理工作或与服务供应商进行很少的交互。

目前被普遍接受的云计算的特点如下。

（1）超大规模。"云"具有相当大的规模，谷歌云计算已经拥有 100 多万台服务器，Amazon、IBM、微软、Yahoo 等的"云"均拥有几十万台服务器。企业私有云一般拥有数百上千台服务器，"云"能赋予用户前所未有的计算能力。

（2）虚拟化。云计算支持用户在任意位置、使用各种终端获取应用服务。所请求的资源来自"云"，而不是固定有形的实体。应用在"云"中某处运行，但实际上用户无须了解、也不用担心应用运行的具体位置。只需要一台笔记本式计算机或一个手机，就可以通过网络服务来实现人们需要的一切，甚至包括超级计算这样的任务。

（3）高可靠性。"云"使用了数据多副本容错、计算节点同构可互换等措施来保障服务的高可靠性，使用云计算比使用本地计算机可靠。

（4）通用性。云计算不针对特定的应用，在"云"的支撑下可以构造出千变万化的应用，同一个"云"可以同时支撑不同的应用运行。

（5）高可扩展性。"云"的规模可以动态伸缩，满足应用和用户规模增长的需要。

（6）按需服务。"云"是一个庞大的资源池，可按需购买；"云"可以像自来水、电、煤气那样计费。

（7）极其廉价。由于"云"的特殊容错措施可以采用极其廉价的节点来构成云，"云"的自动化集中式管理使大量企业无须负担日益高昂的数据中心管理成本，"云"的通用性使资源的利用率较之传统系统大幅提升，因此用户可以充分享受"云"的低成本优势，经常只要花费几百美元、几天时间就能完成以前需要数万美元、数月时间才能完成的任务。

（8）潜在的危险性。云计算服务除了提供计算服务外，还提供存储服务。但是云计算服务当前垄断在私人机构（企业）手中，而他们仅仅能够提供商业信用。政府机构、商业机构（特别像银行这样持有敏感数据的商业机构）选择云计算服务时，应保持足够的警惕。云计算中的数据对于数据所有者以外的其他云计算用户是保密的，但是对于提供云计算的商业机构而言却是透明的。所有这些潜在的危险是商业机构和政府机构选择云计算服务，特别是国外机构提供的云计算服务时，不得不考虑的一个重要前提。

2）物联网

物联网（Internet Of Things，IOT）最早是由麻省理工学院专家于1999年提出的，它是新一代信息技术的重要组成部分，也是"信息化"时代的重要发展阶段。顾名思义，物联网就是物物相连的互联网。这有两层意思：其一，物联网的核心和基础仍然是互联网，是在互联网基础上延伸和扩展的网络；其二，其用户端延伸和扩展到了任何物品与物品之间进行信息交换和通信，也就是物物相联。物联网通过智能感知、识别技术与普适计算等通信感知技术，广泛应用于网络的融合中，也因此被称为继计算机、互联网之后世界信息产业发展的第三次浪潮。

利用局部网络或互联网等通信技术把传感器、控制器、机器、人员和物等通过新的方式连接在一起，形成人与物、物与物相连，实现信息化、远程管理控制和智能化的网络。物联网是互联网的延伸，它包括互联网及互联网上所有的资源，兼容互联网所有的应用，但物联网中所有的元素（所有的设备、资源及通信等）都是个性化和私有化的。

1.1.2 计算机网络的基本概念

1. 计算机网络的定义

计算机网络技术是随着现代通信技术和计算机技术的高速发展、密切结合而产生和发展起来的，将几台计算机连接在一起，就可以建立一个简单的网络。如何定义一个网络，多年来一直没有严格的定义和统一，比较通用的定义是计算机网络是指把分布在不同地理区域的计算机与专门的外部设备用通信线路互连成一个规模大、功能强的网络系统，以功能完善的网络软件及协议使众多的计算机可以方便地互相传递信息、共享硬件、软件、数据信息等资源。

计算机网络主要包含4个方面的内容：连接对象、连接介质、连接的控制机制和连接方式。连接对象主要指各种类型的计算机或其他数据终端设备；连接介质主要指双绞线、同轴电缆、光纤、微波等通信线和网桥、网关、中继器、路由器等通信设备；连接的控制机制主要指网络协议和各种网络软件；连接方式主要指网络所采用的拓扑结构，如星型、环型、总线型和网状型等。

2. 通信子网和资源子网

计算机网络系统在逻辑功能上可分成两个子网：通信子网和资源子网，如图 1-3 所示。通信子网提供数据通信的能力，资源子网提供网络上的资源及访问能力。

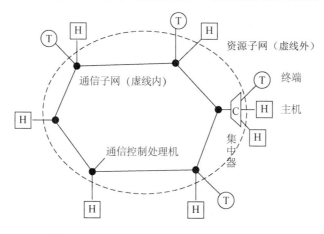

图 1-3　网络系统的资源子网和通信子网

1）通信子网

通信子网由通信控制处理机（Communication Control Processor，CCP）、通信线路和其他网络通信设备组成，它主要承担全网的数据传输、转发、加工、转换等通信处理工作。

通信控制处理机在网络拓扑结构中通常被称为网络节点。其主要功能一是作为主机和网络的接口，负责管理和收发主机和网络所交换的信息；二是作为发送信息、接收信息、交换信息和转发信息的通信设备，负责接收其他网络节点送来的信息，并选择一条合适的通信线路发送出去，完成信息的交换和转发功能。

通信线路是网络节点间信息传输的通道，通信线路的传输媒体主要有双绞线、同轴电缆、光纤、无线电、微波等。

2）资源子网

资源子网主要负责全网的数据处理业务，向全网用户提供所需的网络资源和网络服务，主要由主机、终端、终端控制器、联网外设及软件资源和信息资源等组成。

主机是资源子网的重要组成部分，既可以是大型机、中型机、小型机，也可是局域网中的微型计算机，它是软件资源和信息资源的拥有者，一般通过高速线路和通信子网中的节点相连。终端是直接面向用户的交互设备，可以是交互终端、显示终端、智能终端、图形终端等。

1.1.3　计算机网络的功能

计算机网络与通信技术的不断结合与发展，可以使个人计算机不仅同时处理文字、数据、图像、视频等信息，还可以将这些信息通过四通八达的网络及时与全国乃至全世界的信息进行交换。计算机网络的功能主要有以下几点。

1. 数据通信

数据通信是计算机网络最基本的功能，它为网络用户提供了强有力的通信手段。计算机网络的其他功能都是在数据通信功能的基础上实现的，如发送电子邮件、远程登录、联机会议等。

2. 资源共享

资源共享包括硬件、软件和信息资源的共享，它是计算机网络最有吸引力的功能。资源共享是指网上用户能够部分或全部使用计算机网络资源，使计算机网络中的资源互通，从而大大地提高各种硬件、软件和信息资源的利用率。

3. 远程传输

计算机已经由科学计算向数据处理方面发展、由单机向网络方面发展，且发展的速度很快。分布在很远地方的用户也可以互相传输数据信息、互相交流、协同工作。

4. 集中管理

计算机网络技术的发展和应用已使现代办公、经营管理等发生了很大的变化。目前，已经有了许多 MIS（Management Information System）、OA（Office Automation）系统等，通过这些系统可以实现日常工作的集中管理，提高工作效率，增加经济效益。

5. 实现分布式处理

网络技术的发展，使分布式计算成为可能。对于大型的课题，可以分为许许多多的小题目，由不同的计算机分别完成，然后集中起来解决问题。

6. 负载平衡

负载平衡是指工作被均匀地分配给网络上的各台计算机。网络控制中心负责分配和检测，当某台计算机负载过重时，系统会自动转移部分工作到负载较轻的计算机中去处理。

7. 提高可靠性

计算机系统可靠性的提高主要表现在，计算机网络中的每台计算机都可以依赖计算机网络相互成为后备机，一旦某台计算机出现故障，其他的计算机可以马上承担起原先由该故障机所担负的任务，避免了系统的瘫痪，从而提高了计算机系统的可靠性。

1.1.4 我国三大网络的介绍

当前，在我国通信、广播电视领域及计算机信息产业中，实际运行并具有影响力的有三大网络：电信网络、广播电视网络和计算机网络。

1. 电信网络

电信网是以电话网为基础逐步发展起来的。电话系统主要由本地网络、干线和交换局 3 个部件组成。

以前整个电话系统中传输的信号都是模拟的,现在所有的干线和交换设备几乎都是数字的,仅剩下本地回路仍然是模拟的。这种特性使数字传输比模拟传输更加可靠,而且维护更加方便,成本更低。

电信业务除了传统的公众电话交换网(Public Switched Telephone Network,PSTN)之外,还有数字数据网(Digital Data Network,DDN)、帧中继网(Frame Relaying Network,FRN)和异步传输模式网(Asynchronous Transfer Mode,ATM)等。在数字数据网中,它可提供固定或半永久连接的电路交换业务,适合提供实时多媒体通信业务。在帧中继网中,是以统计复用技术为基础,进行包传输、包交换,速率一般为 64 b/s～2.048 Mb/s,适合提供非实时多媒体通信业务。在异步传输模式网中,异步传输模式网是支持高速数据网建设、运行的关键设备,可支持 25 Mb/s～4 Gb/s 数据的高速传输,不仅可以传输语音,还可以传输图像,包括静态图像和活动影像。

电信网除上述几种网络外,还有 X.25 公共数据网、综合业务数字网(Integrated Service Digital Network,ISDN)及中国公用计算机互联网(Chinanet)等。

2. 广播电视网络

广播电视网主要是指有线电视网(Cable Television Network,CATV),目前还是靠同轴电缆向用户传送电视节目,处于模拟水平阶段。但其网络技术设备先进,主干网采用光纤,贯通各城镇。

混合光纤同轴电缆(Hybrid Fiber Cable,HFC)入户与电话接入方式相比,其优点是传输带宽约为电话线的一万倍,而且在有线电视同一根同轴电缆上,用户可以同时看电视、打电话、上网,且互不干扰。

广播电视网的信息源是以单向实时及一点对多点的方式连接到众多用户的,用户只能被动地选择是否接收(主要是语音和图像)。

利用混合光纤同轴电缆进行电视点播(Video On Demand,VOD)及通过有线电视网接入 Internet 进行电视点播、通话等是有线电视网的主要功能。它的主要业务除了广播电视传输之外,还包括电视点播、远程电视教育、远程医疗、电视会议、电视电话和电视购物等。

3. 计算机网络

计算机网络初期主要是局域网,广域网是在 Internet 大规模发展后才进入平常家庭的,目前主要依赖于电信网,因此传输速率受到一定的限制。

在计算机网中,用户之间的连接可以是一对一的,也可以是一对多的,相互间的通信既有实时,也有非实时。但在大多数情况下是非实时的,采用的是存储转发方式。

计算机网络提供的主要业务有文件共享、信息浏览、电子邮件、网络电话、视频点播、FTP 文件下载和网上会议等。

"三网合一"是指把现有的传统电信网、广播电视网和计算机网互相融合,逐渐形成一个统一的网络系统,由一个全数字化的网络设施来支持包括数据、语音和图像在内的所有业务的通信。目前,"三网合一"逐渐成了热门的话题之一,这也是现代通信和计算机网络发展的大趋势。

1.2 计算机网络的分类

由于计算机网络的广泛应用，世界上已出现了多种形态的网络，对网络的分类方法也有很多。从不同的角度观察、划分网络，有利于全面了解计算机网络的各种特性。

1. 按网络的覆盖范围分类

根据计算机网络覆盖的地理范围、信息的传递速率及应用目的，计算机网络可分为局域网、广域网、城域网和互联网。

1）局域网（Local Area Network，LAN）

局域网一般用微型计算机通过高速通信线路相连，其数据传输速率较快（通常在 10 Mb/s以上）。但其覆盖范围有限，是一个小的地理区域（办公室、大楼或方圆几千米内的地域）内的专用网络。局域网的目的是将个别计算机、外围设备和计算机系统连接成一个数据共享集体，用软件控制网上用户之间的相互联系和信息传输。

2）广域网（Wide Area Network，WAN）

广域网是远距离、大范围的计算机网络，覆盖范围一般是几百千米到几千千米的广阔地理区域，其主要作用是实现远距离计算机之间的数据传输和信息共享，并且通信线路大多是租用公用通信网络（如公众电话交换网）。广域网上的信息量非常大，共享的信息资源极为丰富，但数据的传输速率较低，比局域网更容易发生传输差错。

3）城域网（Metropolitan Area Network，MAN）

城域网的覆盖范围介于局域网和广域网之间，它可能是覆盖一组邻近的公司、办公室，也可能是覆盖一座城市，地理范围一般为几千米到几十千米。城域网通常使用与局域网相似的技术。

4）互联网（Internet）

Internet 并不是一种具体的网络技术，它是将同类和不同类的物理网络（局域网、广域网、城域网）通过某种协议互联起来的一种高层技术。不同类型网络之间的比较如表 1-1 所示。

表 1-1 不同类型网络之间的比较

网络种类	覆盖范围	分布距离
局域网	房间	10 m
	建筑物	100 m
	校园	1～10 km
广域网	国家	100 km 以上
城域网	城市	10～100 km
互联网	洲或洲际	1 000 km 以上

2. 按传输介质分类

1）有线网

有线网是采用同轴电缆或双绞线连接的计算机网络。同轴电缆网是常见的一种联网方式，它经济实惠、安装便利、传输率和抗干扰能力一般，且传输距离较短。双绞线网是目前最常见的联网方式，它价格便宜、安装方便，但易受干扰，且传输率较低。

2）光纤网

光纤网也是有线网的一种，但由于其特殊性而单独列出。光纤网采用光导纤维作为传输介质。光纤传输距离长、传输率高（可达数千兆）、抗干扰性强，不会受到电子监听设备的监听，是高安全性网络的理想选择。但其成本较高，且需要高水平的安装技术。

3）无线网

无线网用电磁波作为载体来传输数据，但由于联网方式灵活方便，是一种很有前途的联网方式。

局域网通常采用单一的传输介质，而城域网和广域网则采用多种传输介质。

3. 按交换方式分类

线路交换最早出现在电话系统中，早期的计算机网络就是采用此方式来传输数据的，数字信号经过变换成为模拟信号后才能联机传输。

1）报文交换

报文交换是一种数字化网络。当通信开始时，源机发出的一个报文被存储在交换机里，交换机根据报文的目的地址选择合适的路径发送报文，这种方式被称为存储-转发方式。

2）分组交换

分组交换也采用报文传输，但它不是以不定长的报文作为传输的基本单位，而是将一个长的报文划分为许多定长的报文分组，以分组作为传输的基本单位。这不仅大大简化了对计算机存储器的管理，而且也加速了信息在网络中的传播速度。由于分组交换优于线路交换和报文交换，且具有许多优点。因此，它已成为计算机网络中传输数据的主要方式。

4. 按逻辑分类

1）通信子网

面向通信控制和通信处理，主要包括通信控制处理机、网络控制中心、分组组装/拆卸设备、网关等。

2）资源子网

负责全网面向应用的数据处理，实现网络资源的共享。它由各种拥有资源的用户主机和软件（网络操作系统和网络数据库等）所组成，主要包括主机、终端设备、网络操作系统、网络数据库。

5. 按通信方式分类

1）点对点传输网络

数据以点到点的方式在计算机或通信设备中传输。星型网、环型网采用这种传输方式。

2）广播式传输网络

数据在公用介质中传输。无线网和总线型网络属于这种类型。

6. 按服务方式分类

1）客户机/服务器网络

服务器是指专门提供服务的高性能计算机或专用设备，客户机是指用户计算机。这是由客户机向服务器发出请求并获得服务的一种网络形式，多台客户机可以共享服务器提供的各种资源。这是最常用、最重要的一种网络类型，不仅适合于同类计算机联网，也适合于不同类型的计算机联网，如 PC（Personal Computer，个人计算机）、Mac 的混合联网。这种网络安全性容易得到保证，计算机的权限、优先级易于控制，监控容易实现，网络管理能够规范化。网络性能在很大程度上取决于服务器的性能和客户机的数量。目前，针对这类网络有很多优化性能的服务器，它们被称为专用服务器。银行、证券公司也都采用这种类型的网络。

2）对等网

对等网不要求专用服务器，每台客户机都可以与其他客户机对话，共享彼此的信息资源和硬件资源，组网的计算机一般类型相同。这种组网方式灵活方便，但是较难实现集中管理与监控，安全性也低，较适合作为部门内部协同工作的小型网络。

1.3 计算机网络结构

网络拓扑结构是指用传输介质互连各种设备的物理布局。它将工作站、服务器等网络单元抽象为"点"，网络中的通信介质抽象为"线"，从而抽象出网络系统的具体结构。

常见的计算机网络的拓扑结构有星型、环型、总线型、树型和网状型。

1. 星型拓扑网络

各节点通过点到点的链路与中央节点连接，如图 1-4 所示。

中央节点可以是转接中心，起到连通的作用；也可以是一台主机，此时具有数据处理和转接的功能。

优点：很容易在网络中增加和移动节点，容易实现数据的安全性和优先级控制。

缺点：属于集中控制，对中央节点的依赖性较大，一旦中夹节点有故障就会引起整个网络瘫痪。

2. 环型拓扑网络

节点通过点到点通信线路连接成闭合环路，如图 1-5 所示，环中数据将沿一个方向单向传送。环型网络结构简单，传输延时确定，但是环中某一个节点或节点与节点之间的通信线路出现故障，都会造成网络瘫痪。环型网络中，网络节点的增加和移动及环路的维护和管理都比较复杂。

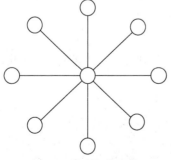

图 1-4　星型拓扑网络

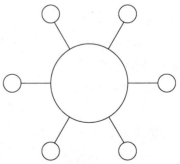

图 1-5　环型拓扑网络

3. 总线型拓扑网络

所有节点共享一条数据通道，如图 1-6 所示，一个节点发出的信息可以被网络上的每个节点接收。

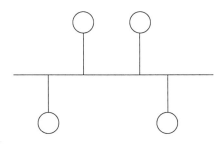

图 1-6　总线型网络拓扑

由于多个节点连接到一条公用信道上，所以必须采取某种方法分配信道，以决定哪个节点可以优先发送数据。

优点：网络结构简单、安装方便、成本低，并且某个站点自身的故障一般不会影响整个网络。

缺点：实时性较差，总线上的故障会导致全网瘫痪。

4. 树型拓扑网络

在树型拓扑结构中，网络的各节点形成了一个层次化的结构，如图 1-7 所示，树中的各个节点通常都为主机。

树中低层主机的功能和应用有关，一般都具有明确定义的功能，如数据采集、变换等；高层主机具备通用的功能，以便协调系统的工作，如数据处理、命令执行等。

若树型拓扑结构只有两层，则变成了星型结构，因此，树型拓扑结构可以看作是星型拓扑结构的扩展结构。

5. 网状型拓扑网络

节点之间的连接是任意的，没有规律，如图 1-8 所示。

其主要优点是可靠性高，但结构复杂，必须采用路由选择算法和流量控制方法。广域网基本上都是采用网状型拓扑结构。

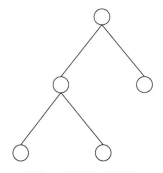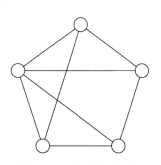

图 1-7　树型拓扑网络　　　　　　　图 1-8　网状型拓扑网络

1.4　计算机网络相关的标准化组织

1. ISO

ISO 是一个全球性的非政府组织，是国际标准化领域中一个十分重要的组织。

ISO 的主要任务是促进全球范围内的标准化及其有关活动的开展，以利于国际产品和服务的交流，以及在知识、科学、技术和经济活动中发展国际的相互合作。ISO 制定了网络通信的标准，即开放系统互联（Open System Interconnection，OSI）。

2. ITU

国际电信联盟（International Telecommunication Union，ITU）是世界各国政府的电信主管部门之间协调电信事务方面的一个国际组织。

ITU 的宗旨：①保持和发展国际合作，促进各种电信业务的研发和合理使用；②促使电信设施的更新和最有效的利用，提高电信服务的效率和利用率，尽可能达到大众化、普遍化；③协调各国工作、达到共同目的，这些工作可分为电信标准化、无线电通信规范和电信发展3 个部分，每个部分的常设职能部门是"局"，其中包括电信标准局、无线通信局和电信发展局。

3. IEEE

电气与电子工程师学会（Institute of Electrical and Electronics Engineers，IEEE）由 1963 年美国电气工程师学会（American Institute of Electrical Engineers，AIEE）和美国无线电工程师学会（Institute of Radio Engineers，IRE）合并而成，是美国规模最大的专业学会。

IEEE 的最大成果是制定了局域网和城域网的标准，这个标准被称为 802 项目或 802 系列标准。

4. ANSI

美国国家标准学会（American National Standards Institute，ANSI）是由制造商、用户通信公司组成的非政府组织，是美国的自发标准情报交换机构，也是由美国指定的 ISO 投票成员。它致力于国际标准化事业和实现消费品方面的标准化。

5. EIA

美国电子工业协会（Energy Information Administration，EIA）创建于 1924 年，它广泛代表了设计生产电子元件、部件、通信系统和设备的制造商及工业界、政府和用户的利益，在提高美国制造商的竞争力方面起到了重要的作用。

6. TIA

美国通信工业协会（Telecommunications Industry Association，TIA）是一个全方位的服务性国家贸易组织，其成员包括为美国和世界各地提供通信和信息技术产品、系统和专业技术服务的 900 余家大小公司，本协会成员有能力制造供应现代通信网中应用的所有产品。此外，TIA 还有一个分支机构——多媒体通信协会（Multimedia Telecommunications Association，MMTA）。TIA 还与 EIA 有着广泛而密切的联系。

思考与练习

一、选择题

1．计算机网络的功能有（　　）。
　　A．资源共享　　　　　　　　　B．信息传输与集中处理
　　C．负载均衡与分布处理　　　　D．综合信息服务
2．网络按照范围分类可分为（　　）。
　　A．局域网　　　　B．城域网　　　　C．广域网　　　　D．万维网
3．关于计算机网络拓扑结构，以下说法正确的是（　　）。
　　A．星型线路利用率不高，信道容量浪费较大。
　　B．总线型网络结构比较简单，扩展十分方便，最适合局域网
　　C．分布式网络具有很高的可靠性
　　D．树型网络是现网中应用最多的
4．常见的计算机网络相关组织有（　　）。
　　A．ISO　　　　　B．ITU　　　　　C．IEEE　　　　D．IETF

二、简答题

1．计算机网络经历了哪些阶段？
2．什么是计算机网络？
3．计算机网络由哪两大部分组成？
4．什么是三网合一？我国有哪三大网络？
5．什么是网络拓扑结构？各有哪些分类？

三、综合题

同学们可以参观学校网络中心或网络实验室，了解校园网或网络实验室的结构，观察组成网络的主要设备及连接方式，并回答以下几个问题。
1．从网络的定义出发，组成网络最主要的要件是什么？
2．网络结构或者说网络的拓扑结构是怎样的？对于一个小型的网络实验室，它的拓扑结构是怎样的？
3．星型网络最主要的特点是什么？

第 2 章　数据通信基础

计算机网络系统首先应该是一个通信系统，计算机之间的通信是在网络中实现信息交换和资源共享的本质基础。本章将介绍数据通信的一些基本原理和基础知识，包括信号与信号传输方式、数据编码技术、同步技术、数据交换技术、多路复用技术和差错控制技术等，为后续章节的学习做必要的知识储备。

数据通信技术是计算机技术与通信技术结合的产物，主要研究计算机中数字数据的传输与交换、存储、处理的理论、方法和技术。早期的数据通信与现代的计算机通信是有区别的。随着技术的不断进步，数据通信的含义也在发生变化，可以认为计算机通信与数据通信是能够互换的名词。在许多情况下，数据通信网往往是指计算机网络中的分组交换网。要掌握和使用计算机网络，应该对数据通信的相关理论和基础知识有一定的了解。

2.1　数据通信的相关概念

2.1.1　数据通信系统模型

1. 通信的基本术语

通信的目的是传送消息（message），如语音、文字、图像、视频等都是消息。

数据（data）是运送消息的实体，通常是有意义的符号序列，这种信息的表示可用计算机处理或产生。

信号（signal）则是数据的电气或电磁的表现。

2. 信号的分类

根据信号中代表消息的参数的取值方式不同，信号可分为模拟信号和数字信号两大类。

（1）模拟信号也称连续信号，代表消息的参数的取值是连续的，如用户家中的调制解调器（Modem）到电话端之间的用户线上传送的就是模拟信号。

（2）数字信号也称离散信号，代表消息的参数的取值是离散的，如用户家中的 PC 到调制解调器之间，或在电话网中继线上传送的就是数字信号。在使用时间域（简称为时域）的波形表示数字信号时，代表不同离散数值的基本波形称为码元。在使用二进制编码时，只有两种不同的码元，一种代表 0 状态，另一种代表 1 状态。

3．数据通信系统的模型

下面通过一个最简单的例子来说明数据通信系统的模型。这个例子就是两个 PC 经过普通电话机的连线，再经过公用电话网进行通信。

一个数据通信系统大致可以划分为 3 个部分，即源系统（或发送端、发送方）、传输系统（或传输网络）和目的系统（或接收端、接收方），如图 2-1 所示。

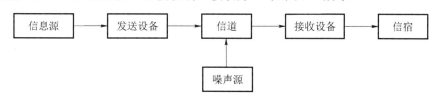

图 2-1　通信系统模型

1）源系统

源系统一般包括源点和发送器两个部分。

源点：源点设备产生通信网络要传输的数据，如从 PC 的键盘输入汉字，则输出的是数字比特流。源点又称为源站或信源。

发送器：通常，源点生成的数字比特流要通过发送器编码后才能够在传输系统中进行传输，典型的发送器就是调制器。例如，调制器将计算机输出的数字比特流转换成能够在电话线上传输的模拟信号。现在很多 PC 使用内置的调制解调器（包含调制器和解调器），用户在 PC 外面看不见调制解调器。

2）目的系统

与源系统相对应，目的系统一般包括接收器和终点两个部分。

接收器：接收传输系统传送过来的信号，并把它转换为能够被目的设备处理的信息。典型的接收器就是解调器，它把来自传输线路上的模拟信号进行解调，提取在发送端置入的消息，还原发送端产生的数字比特流。

终点：终点设备从接收器获取传送来的数字比特流，然后把信息输出（如把汉字在 PC 屏幕上显示出来）。终点又称为目的站或信宿。

3）传输系统

位于源系统和目的系统之间，它既可以是简单的物理通信线路，如有线介质——同轴电缆、光纤、双绞线，或者无线介质——微波、无线电、红外线等；也可以是连接源系统和目的系统的复杂网络设备，如用于放大和再生信号的中继器，用于实现交叉连接的多路复用器、集线器（hub）和交换机，以及用于通信路径选择的路由器等。

2.1.2　数据通信过程

数据从发送端被发送到接收端被接收的整个过程称为通信过程。每次通信包含两个方面的内容，即传输数据和通信控制。通信控制主要执行各种辅助操作，并不交换数据，但这种辅助操作对于交换数据而言是必不可少的。

在此以只使用交换机的传输系统为例，说明数据通信的基本过程。该过程通常被划分为 5 个阶段，每个阶段包括一组操作，这样的一组操作被称为通信功能。数据通信的 5 个基本阶段对应 5 个主要的通信功能。

（1）建立物理连接。用户将要进行通信的对方（目的方）地址信息告诉交换机，交换机向具有该地址的目的方进行确认，若对方同意通信，则由交换机建立双方通信的物理通道。

（2）建立数据传输链路。通信双方建立同步联系，使双方设备处于正确的收发状态，通信双方相互核对地址。

（3）数据传送。数据传输链路建立好后，数据就可以从源节点发送到交换机，再由交换机交换到终端节点。

（4）数据传输结束。通信双方通过通信控制信息确认此次通信结束，拆除数据链路。

（5）拆除物理连接。由通信双方之一通知交换机本次通信结束，可以拆除物理连接。

2.1.3 数据通信系统的性能指标

在数据通信系统中，信号的传送是由数据传输系统来完成的，那么对传输系统的性能如何进行评价是一个重要问题，通常用速率、带宽等指标对数据传输系统进行定量分析。下面介绍常用的 7 个性能指标。

1. 速率

我们知道，计算机发送出的信号都是数字形式的。比特(bit)是计算机中数据量的单位，也是信息论中使用的信息量的单位。英文单词 bit 来源于 binary digit，意思是一个"二进制数字"，因此一个比特就是二进制数字中的一个 1 或 0。网络技术中的速率是指连接在计算机网络上的主机在数字信道上传送数据的速率，它也称为数据率(data rate)或比特率(bit rate)。速率是数据通信系统中最重要的一个性能指标，速率的单位是 b/s（或 bit/s）。当数据率较高时，也可以用 Kb/s、Mb/s、Gb/s 或 Tb/s。这里所说的速率往往是指额定速率或标称速率。

2. 带宽

带宽（bandwidth）本来是指某个信号具有的频带宽度。信号的带宽是指该信号所包含的各种不同频率成分所占据的频率范围。例如，在传统的通信线路上传送的电话信号的标准带宽是 3.1 kHz（300 Hz～3.4 kHz，即话音的主要成分的频率范围），这种意义的带宽的单位是赫（或千赫、兆赫、吉赫等）。在过去很长的一段时间，通信的主干线路传送的是模拟信号（即连续变化的信号）。因此，表示通信线路允许通过的信号频带范围就称为线路的带宽（通频带）。

在计算机网络中，带宽用来表示网络的通信线路传送数据的能力，因此网络带宽表示在单位时间内从网络中的某一点到另一点所能通过的"最高数据率"。本书中提到的"带宽"主要是指这个意思，这种意义的带宽的单位是"比特每秒"，记为 b/s。

在"带宽"的两种表述中，前者为频域称谓，后者为时域称谓，其本质是相同的。也就是说，一条通信链路的"带宽"越宽，其所能传输的"最高数据率"也就越高。

3. 吞吐量

吞吐量（throughput）表示在单位时间内通过某个网络（或信道、接口）的数据量。吞吐量用于对现实世界中的网络进行测量，以便知道实际上到底有多少数据量能够通过网络。显然，吞吐量受网络的带宽或网络的额定速率的限制，如对于一个 100 Mb/s 的以太网（Ethernet），其额定速率是 100 Mb/s，这个数值也是该以太网吞吐量的绝对上限值。因此，对于 100 Mb/s 的以太网，其典型的吞吐量可能只有 70 Mb/s（有时吞吐量还可用每秒传送的字节数或帧数来表示）。

4. 时延

时延(delay)是指数据（一个报文、分组或比特）从网络（链路）的一端传送到另一端所需的时间。时延是个很重要的性能指标，有时也称为延迟或迟延。

需要注意的是，网络中的时延是由以下几个不同的部分组成的。

1）发送时延

发送时延(transmission delay)是主机或路由器发送数据帧所需的时间，也就是从发送数据帧的第一个比特算起，到该帧的最后一个比特发送完毕所需的时间。因此发送时延也叫作"传输时延"。发送时延的计算公式如式（2-1）所示。

$$发送时延=数据帧长度/发送速率 \tag{2-1}$$

由式（2-1）可知，对于一定的网络，发送时延并非固定不变，而是与发送的帧长（单位是比特）成正比，与发送速率成反比。

2）传播时延

传播时延（propagation delay）是电磁波在信道中传播一定的距离需要花费的时间。传播时延的计算公式如式（2-2）所示。

$$传播时延=信道长度/传播速率 \tag{2-2}$$

电磁波在自由空间的传播速率是光速，即 $3.0×10^5$ km/s。电磁波在网络传输媒体中的传播速率比在自由空间要略低一些：在铜线电缆中的传播速率约为 $2.3×10^5$ km/s，在光纤中的传播速率约为 $2.0×10^5$ km/s。例如，1 000 km 长的光纤线路产生的传播时延大约为 5 ms。

理解发送时延与传播时延发生的地方，才能正确区分两种时延。发送时延发生在机器内部的发送器中（一般发生在网络适配器中），而传播时延则发生在机器外部的传输信道媒体上。可以用一个简单的比喻来说明。假定有 10 辆车的车队从公路收费站入口出发到相距 50 km 的目的地，每一辆车过收费站要花费 6 s，而车速是每小时 100 km。现在可以算出整个车队从收费站到目的地总共要花费的时间，即发车时间共需要 60 s（相当于网络中的发送时延），行车时间需要 30 min（相当于网络中的传播时延），因此总共花费的时间是 31 min。

3）处理时延

主机或路由器在收到分组时要花费一定的时间进行处理，如分析分组的首部、从分组中提取数据部分、进行差错检验或查找适当的路由等，这就产生了处理时延。

4）排队时延

分组在经过网络传输时，要经过许多路由器。但分组在进入路由器后要先在输入队列中排队等待处理。在路由器确定了转发接口后，还要在输出队列中排队等待转发。这就产生了排队时延，排队时延的长短往往取决于网络当时的通信量。当网络的通信量很大时会发生队列溢出，使分组丢失，这相当于排队时延为无穷大。

这样，数据在网络中经历的总时延就是以上 4 种时延之和，即

总时延=发送时延+传播时延+处理时延+排队时延

一般来说，小时延的网络要优于大时延的网络。在某些情况下，一个低速率、小时延的网络很可能要优于一个高速率但大时延的网络。

5. 时延带宽积

将衡量网络性能的两个度量——传播时延和带宽相乘，可以得到传播时延带宽积，如式（2-3）所示。

$$时延带宽积=传播时延×带宽 \qquad (2\text{-}3)$$

6. 往返时延

在数据通信系统中，往返时延（round-trip time）也是一个重要的性能指标，它表示从发送方发送数据开始，到发送方收到来自接收方的确认（接收方收到数据后便立即发送确认），总共经历的时间。在互联网中，往返时延还包括各中间节点的处理时延、排队时延及转发数据时的发送时延。

显然，往返时延与所发送的分组长度有关。发送很长的数据块的往返时延应当比发送很短的数据块的往返时延要多些。当使用卫星通信时，往返时延相对较长。

7. 利用率

利用率有信道利用率和网络利用率两种。信道利用率指出某信道有百分之几的时间是被利用的（有数据通过），完全空闲的信道的利用率是零；网络利用率则是全网络的信道利用率的加权平均值。信道利用率并非越高越好。这是因为，根据排队论的理论，当某信道的利用率增大时，该信道引起的时延也就迅速增加。这和高速公路的情况有些相似，当高速公路上的车流量很大时，由于在公路上的某些地方会出现堵塞，因此行车所需的时间就会增长。网络也有类似的情况，当网络的通信量很少时，网络产生的时延并不大。但在网络通信量不断增大的情况下，由于分组在网络节点（路由器或节点交换机）进行处理时需要排队等候，因此网络引起的时延就会增大。如果令 D_0 表示网络空闲时的时延，D 表示网络当前的时延，那么在适当的假定条件下，可以用式（2-4）来表示 D 和 D_0 及网络利用率 U 之间的关系。

$$D = \frac{D_0}{1-U} \qquad (2\text{-}4)$$

式中，U 是网络的利用率，数值在 0～1 范围内。当网络的利用率达到其容量的 1/2 时，时延就要加倍。特别值得注意的是，当网络的利用率接近最大值 1 时，网络的时延就趋于无穷大。因此我们必须有这样的概念：信道或网络利用率过高会产生非常大的时延，如图 2-2 所示。因此，一些拥有较大主干网的电信运营商通常控制他们的信道利用率不超过 50%。如果超过了就要准备扩容，增大线路的带宽。

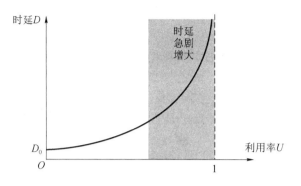

图 2-2 时延与利用率的关系

2.2 通信的基本方式

1. 单工通信方式、半双工通信方式和全双工通信方式

根据所允许的数据传输方向，可把通信方式分为单工通信方式、半双工通信方式和全双工通信方式 3 种，如图 2-3 所示。

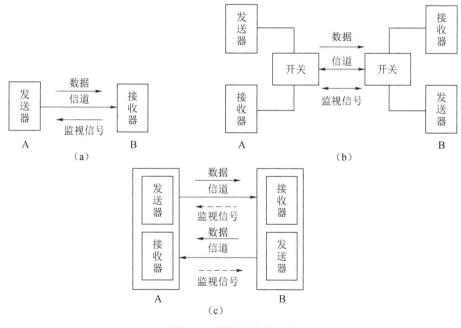

图 2-3 通信的基本方式

（a）单工通信；（b）半双工通信；（c）全双工通信

1）单工通信方式

这种方式只允许数据沿着一个固定的方向传输，如图 2-3（a）所示。数据只能从 A 传输到 B。这种方式主要用于数据采集系统，这时只要求发送方配置调制器，接收方配置解调器。

2）半双工通信方式

这种方式允许数据沿两个方向传输，但在每一时刻信息只能沿一个方向传输，如图 2-3（b）所示。这里要求通信双方都配置调制器和解调器，或总称为调制解调器。数据信息在一条中速（如 2 400 b/s）线路上传输，还有一条低速（如 75 b/s）线路用于传输监视信息。监视信息的传输方向与数据信息的传输方向相反。如果接收方收到发送方发来的数据信息后发现有错，便向发送方发出警告信息。半双工通信方式被广泛应用于计算机网络的非主干线路中。

3）全双工通信方式

这种方式允许在两个方向上同时传输数据，如图 2-3（c）所示，它相当于把两个传输方向不同的半双工通信方式结合在一起。这种通信方式常用于计算机与计算机之间的通信，这时的传输速率还可进一步提高。

2. 并行通信方式与串行通信方式

在计算机内部各部件之间、计算机与各种外部设备之间及计算机与计算机之间都是以通信的方式传递交换数据信息的。数据通信有两种基本方式，即并行传输方式和串行传输方式。通常并行传输用于近距离通信，串行传输用于距离较远的通信。在计算机网络中，串行传输通信更具有普遍意义。

1）并行通信方式

在并行数据传输中有多个数据位，如 8 个数据位（见图 2-4），同时在两个设备之间传输。

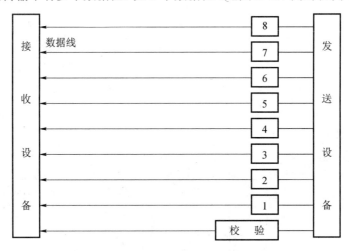

图 2-4　并行数据传输

发送设备将 8 个数据位通过 8 条数据线传送给接收设备，还可附加一位数据校验位。接收设备可同时接收到这些数据，不需做任何变换就可直接使用。在计算机内部的数据通信中通常以并行方式进行通信。并行的数据传送线也称为总线，如并行传送 8 位数据就称为 8 位总线，并行传送 16 位数据就称为 16 位总线。并行数据总线的物理形式有多种，但功能都是一样的，如计算机内部直接用印制电路板实现的数据总线、连接软/硬盘驱动器的扁平带状电缆、连接计算机外部设备的圆形多芯屏蔽电缆等。

2）串行通信方式

并行传输时，需要一根至少有 8 条数据线（因一个字节是 8 位）的电缆将两个通信设备连接起来。进行近距离传输时，这种方法的优点是传输速度快、处理简单；但进行远距离数据传输时，这种方法的线路费用较高。这种情况下，使用电话线来进行数据传输就经济多了。

用电话线进行通信，就必须使用串行数据传输技术。串行数据传输是指数据是一位一位地在通信线上传输，与同时可传输好几位数据的并行传输相比，串行数据传输的速度要比并行传输慢得多。但由于公用电话系统已形成了一个覆盖面极其广阔的网络，所以，使用电话网以串行传输方式通信，对于计算机网络来说具有更大的现实意义。如图 2-5 所示，将 8 位并行数据经并-串转换硬件转换成串行方式，再逐位经传输线到达接收站的设备中，并在接收端将数据从串行方式重新转换成并行方式，以供接收方使用。

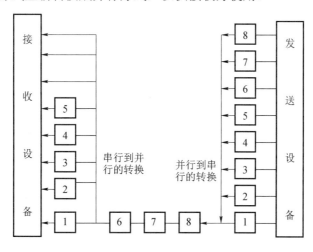

图 2-5 串行数据传输

3. 点对点通信与广播式通信

1）广播式通信

若一台计算机用通信信道发送分组时，所有其他的计算机都能"收听"到该分组，这种通信方式称为"广播式通信"，这种网络称为广播式网络。由于发送的分组中带有目的地址与源地址，接收到该分组的计算机将检查目的地址是否与本地址相同。如果相同，则接收该分组，否则丢弃该分组。在广播式网络中，所有联网计算机都共享一个公共信道，如总线型拓扑网络、环型拓扑网络和集线器组建网等。

2）点到点式通信

与广播式网络相反，在点到点式网络中，每条物理线路连接一对计算机。两台计算机间可直接通信，若没有直接连接的线路，它们的通信需要通过中间节点的接收、存储、转发直至目的节点，这种通信方式就称为"点到点式通信"，而相应的网络就称为点到点式网络。由于连接多台计算机之间的线路结构可能是复杂的，因此从源节点到目的节点可能存在多条路由，决定分组路由需要路由选择算法。采用分组存储转发与路由选择是点到点式网络与广播式网络的重要区别之一，如各种专用网、虚拟专用网和交换机网等都属于点到点式的通信网络。

4. 传输方式

信道上传送的信号有基带（baseband）信号和宽带（broadband）信号之分，与之相对应的数据传输分别称为基带传输和宽带传输。另外，还有解决数字信号在模拟信道中传输时信号失真问题的频带传输。

1）基带传输

在计算机等数字化设备中，二进制数字序列最方便的电信号形式是数字脉冲信号，即"1"和"0"分别用高（或低）电平和低（或高）电平表示。人们把数字脉冲信号固有的频带称为基带，把数字脉冲信号称为基带信号；在信道上直接传送数据的基带信号的传输称为基带传输。一般来说，基带传输要将信源的数据转换成可直接传输的数字基带信号，这称为信号编码。在发送端，由编码器实现编码；在接收端，由解码器进行解码，恢复成发送端发送的原始数据。基带传输是最简单、最基本的传输方式，常用于局域网中。

2）宽带传输

宽带信号是将基带信号进行调制后形成的频分复用模拟信号。在宽带传输过程中，各路基带信号经过调制后，其频谱被移至不同的频段，因此在一条电缆中可以同时传送多路数字信号，从而提高线路的利用率。

3）频带传输

基带信号在实现远距离通信时，经常借助于电话系统。但是如果直接在电话系统中传送基带信号，就会产生严重的信号失真，数据传输的误码率会变得非常高。为了解决数字信号在模拟信道中传输所产生的信号失真问题，需要利用频带传输方式。频带传输是指将数字信号调制成模拟信号后再发送和传输，到达接收端时再把模拟信号解调成原来的数字信号的一种传输方式。因此，在采用频带传输方式时，要求在发送端安装调制器，在接收端安装解调器。在实现全双工通信时，则要求收发端都安装调制解调器。利用频带传输方式不仅可以解决数字信号利用电话系统传输的问题，而且可以实现多路复用。

2.3 通信中的编码技术

在计算机中数据是以离散的二进制"0""1"位序列方式表示的。计算机数据在传输过程中的数据编码类型主要取决于它采用的通信信道所支持的数据通信类型。网络中常用的通信信道分为两类，即模拟通信信道与数字通信信道。相应地，用于数据通信的数据编码方式也分为两类，即模拟数据编码与数字数据编码，这两种编码方式在网络中也经常用到。其中，模拟数据编码包括幅移键控（Amplitude Shift Keying，ASK）、频移键控（Frequency Shift Keying，FSK）、相移键控（Phase Shift Keying，PSK），数字数据编码包括不归零制编码、曼彻斯特编码和差分曼彻斯特编码。

2.3.1　模拟数据编码方法

典型的模拟通信信道是电话通信信道。它是当前世界上覆盖面较广、应用较普遍的通信信道之一。传统的电话通信信道是为传输语音信号设计的，只适用于传输音频范围（300～3 400 Hz）的模拟信号，无法直接传输计算机的数字数据信号。为了利用模拟语音通信的电话交换网实现计算机的数字数据信号的传输，必须先将数字信号转换成模拟信号。将发送端数字数据信号变换成模拟数据信号的过程称为调制，将调制设备称为调制器；将接收端模拟数据信号还原成数字数据信号的过程称为解调，将解调设备称为解调器。同时具备调制与解调功能的设备称为调制解调器。

图 2-6 给出了使用调制解调器进行远程通信的系统示意图，与调制解调器相连的工作站可以是计算机、远程终端、外部设备，甚至是局域网。从图 2-6 中可看出调制解调器将数字信号调制成模拟信号，传输到对方后又将模拟信号解调成数字信号。

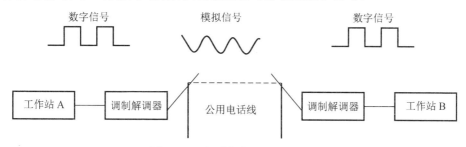

图 2-6　远程系统中的调制解调器

模拟信号传输的基础是载波，载波具有 3 个要素，即幅度、频率和相位，因此模拟数据可以针对载波的不同要素或它们的组合进行调制。数字调制的 3 种基本形式分别为幅移键控、频移键控及相移键控，如图 2-7 所示。

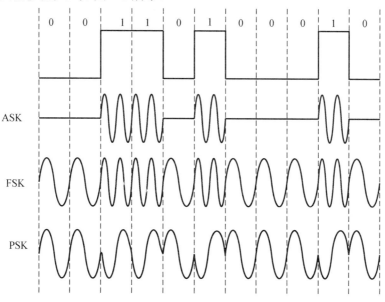

图 2-7　3 种调制方式的波形

2.3.2 数字数据编码方法

在数据通信技术中，利用模拟通信信道，通过调制解调器传输模拟数据信号的方法叫作宽带传输，利用数字通信信道直接传输数字数据信号的方法叫作基带传输。宽带传输的优点是可以利用目前覆盖面最广、普遍应用的模拟语音通信信道。用于语音通信的电话交换网技术成熟，造价较低；其缺点是数据传输速率较低，系统效率低。基带传输在基本不改变数字数据信号频带（即波形）情况下直接传输数字信号，这样可以达到很高的数据传输速率和系统效率，是目前积极发展与广泛应用的数据通信方式。基带传输中数字数据信号的编码方式主要有不归零制编码、曼彻斯特编码和差分曼彻斯特编码。

1. 不归零制编码

不归零制编码可以规定用负电平表示逻辑"0"，用正电平表示逻辑"1"，也可以用其他表示方法，如图 2-8 所示。

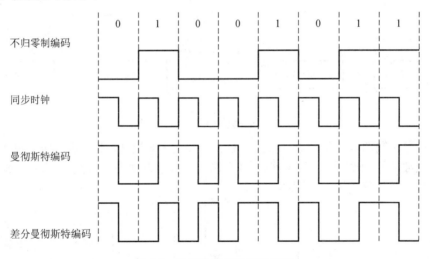

图 2-8 数字数据信号编码波形

不归零制编码的缺点是无法判断数据传输的开始与结束，收发双方不能保持同步，为了保证收发双方的同步，必须在发送不归零制编码的同时，用另一信道同时传送同步时钟信号，如图 2-8 所示。

2. 曼彻斯特编码

曼彻斯特编码是目前应用较广泛的编码之一，其编码规则是每一位的周期分为前 $T/2$ 与后 $T/2$ 两部分；前 $T/2$ 传送该位的反码，后 $T/2$ 传送该位的原码。典型的曼彻斯特编码波形如图 2-8 所示。

曼彻斯特编码具有以下优点。

（1）一位的中间有一次电平跳变，两次电平跳变的时间间隔可以是 $T/2$ 或 T，提取电平跳变可以作为收发双方的同步信号，因此曼彻斯特编码信号又被称为"自含时钟编码"信号，发送曼彻斯特编码信号时无须另发同步信号。

（2）曼彻斯特编码信号不含直流成分。

曼彻斯特编码信号的缺点是编码效率低。

3. 差分曼彻斯特编码

差分曼彻斯特编码是曼彻斯特编码的改进，它们之间的不同之处主要表现在以下两个方面。

（1）差分曼彻斯特编码每位的中间跳变仅作为同步之用。

（2）差分曼彻斯特编码每位的值，根据其开始边界是否发生跳变来决定，每一位开始处出现电平跳变表示二进制"0"，不发生跳变表示二进制"1"。

典型的差分曼彻斯特编码波形如图 2-8 所示。

2.3.3 模拟数据的数字信号编码

模拟数据的数字信号编码最典型的例子是脉冲编码调制（Pulse Code Modulation，PCM），也称脉冲调制，是一个把模拟信号转换为二进制数字序列的过程。下面先介绍采样定理，然后介绍脉冲编码调制过程。

1. 采样定理

对于一个连续变化的模拟信号，假设其最高频率或带宽为 f_{max}。若对它以周期 T 进行采样取点，则采样频率为 $f=1/T$。若能满足，$f \geqslant 2 f_{max}$。那么采样后的离散序列就能做到无失真（相对于信号的传输需求而言，信号采样在理论上是绝对存在失真的）地恢复出原始的模拟信号。这就是著名的奈奎斯特采样定理。

可以证明，从频谱的概念出发，若连续模拟信号存在有限的连续频谱，那么采样后的离散序列的频谱也是周期性的，且其基波和连续信号的波形一样，只是幅值相差 $1/T$ 倍，而其周期正是采样周期的倒数 $1/T$。由此可以得出结论：只要满足采样定理的条件，那么通过一个理想的低通滤波器，就能使采样后的离散序列的频谱和模拟信号的频谱一样，这是模拟信号数字化的理论基础。

2. 脉冲编码调制过程

脉冲编码调制过程包括 3 个基本步骤，即采样、量化和编码。

1）采样

每隔一定的时间对连续模拟信号进行采样之后，连续模拟信号就成为一系列幅值不同的"离散"的模拟信号。根据采样定理，采样频率 f_s 必须满足 $f_s \geqslant 2 f_{max}$（f_{max} 是信号最大频率)；但 f_s 也不能太大，若 f_s 太大，虽然容易满足采样定理，但会大大增加信息计算量。

2）量化

这是一个分级过程，把采样所得到的不同振幅的脉冲信号根据振幅大小按照标准量级取值，这样就将脉冲序列转换成数字序列。

3）编码

用一定位数的二进制码来表示采样序列量化后的振幅。如果有 N 个量化级，那么，就应当至少有 $\log_2 N$ 位的二进制码。PCM 过程由 A/D 转换器实现。在发送端，经过 PCM 过程，把模拟信号转换成二进制数字脉冲序列，然后发送到信道上进行传输。在接收端，首先经 D/A 转换器译码，将二进制数转换成代表原模拟信号的幅度不等的量化脉冲，再经低通滤波器即可还原出原始模拟信号。由于在量化过程中会产生误差，所以根据具体的精度要求，适当增加量化级数即可满足信噪比的要求。目前，能够提供 A/D、D/A 转换器功能的集成化器件产品有很多，用户可以根据具体要求适当进行选择。一个具有 16 个量化级的 PCM 过程如图 2-9 所示，其结果如表 2-1 所示。

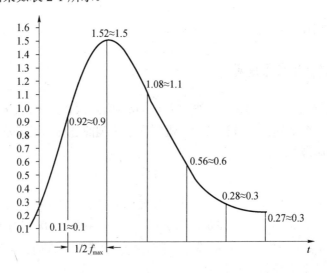

图 2-9　PCM 过程

表 2-1　PCM 结果

数字	等效二进制数	数字	等效二进制数
0	0000	8	1000
1	0001	9	1001
2	0010	10	1010
3	0011	11	1011
4	0100	12	1100
5	0101	13	1101
6	0110	14	1110
7	0111	15	1111

2.4　复　用　技　术

复用技术是一种将若干个彼此独立的信号合并为一个可在同一信道上传输且不互相干

扰的技术。例如，在电话系统中，传输的语音信号的频率范围为 300～3 400 Hz，为了使若干个语音信号能在同一信道上同时传输，可以将它们的频谱调制到不同的频段上，合并在一起传输，在接收端再将彼此分离开来，如图 2-10 所示。而且，当前的通信内容已不再是单纯的语音，越来越多的是多媒体信息，通信容量日趋膨胀，为了提高信道的利用率，增大信道的传输容量，只有采用复用技术才能满足这种需要。

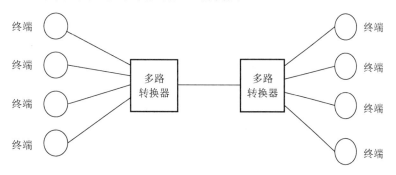

图 2-10　多路复用技术

目前主要有以下 4 种复用技术，即频分复用、波分复用、时分复用和码分复用。另外，ITU 制定了宽带码分多址（Wideband Code Division Multiplexing Access，WCDMA）技术。

1. 频分复用

频分复用（Frequency Division Multiplexing，FDM）是指把传输线的总频带划分成若干个分频带，以提供多条数据传输信道，其中每条信道以某一固定频率提供给一个固定终端使用。若传输线的全带宽 F 被划分为 N 个信道，则每条信道的带宽为 F/N。注意，各条信道所传输信息的带宽要比 F/N 窄得多，避免相互干扰。

频分复用器含有若干个并行信道，其中每条信道部拥有自己的低通滤波器、调制解调器和带通滤波器。低通滤波器的作用是平滑数据脉冲的陡峭边沿；调制解调器的作用是把终端发来的数据信号变换为调频信号，即把数字信号"1"变换为 $f + f_1$ 频率的信号，而数字"0"信号则被变换成频率为 $f - f_1$ 的信号。对于带通滤波器，由于它只允许指定频率范围的信号通过，因此，在各条信道上的带通滤波器都应拥有自己的通频带，以防止信道间的相互干扰。

频分复用器适用于传输模拟信道，多用于电话系统；所有的信道并行工作，每一路的数据传输都没有时延；设备费用低。但当终端数目较多时，由于分配给每条信道的带宽都较窄，故对带通滤波器的要求较严格；最大传输速率较低。

2. 波分复用

波分复用（Wavelength Division Multiplexing，WDM）技术主要用于全光纤网组成的通信系统，是计算机网络系统今后的主要通信传输复用技术之一。类似频分复用，划分成多个波段，以频道不同区分地址，特点是独占频道而共享时间。网络中共享信道的主机分配有控制通道和数据通道。

3. 时分复用

时分复用（Time Division Multiplexing，TDM）是按传输信号的时间进行分割，使不同的信号在不同时间内传送，即将整个传输时间划分成许多时间间隔，称为时隙、时间片等，每个时间片被一路信号占用。相当于在同一频率内不同相位上发送和接收信号，而频率共享。换句话说，时分复用就是通过在时间上交叉发送每一路信号的一部分来实现一条电路传送多路信号。因为数字信号是有限个离散值，所以时分复用技术广泛应用于包括计算机网络在内的数字通信系统，而模拟信号的传输一般采用频分复用技术。时分复用又分为同步时分复用和异步时分复用。

1）同步时分复用

同步时分复用（Synchronous Time Division Multiplexing，STDM）采用固定时间片分配方式，即将传输信号的时间按特定长度连续地划分成特定时间段，再将每一个时间段划分成等长度的多个时隙（时间片），每个时隙以固定的方式分配给各路数字信号，各路数字信号在每一时间段都顺序分配到一个时隙。通常，与复用器相连接的是低速设备，复用器将低速设备送来的在时间上连续的低速率数据经过提高传输速率，将其压缩到对应的时隙，使其变为在时间上间断的高速时分数据，以达到多路低速设备复用高速链路的目的。所以与复用器相连的低速设备数目及速率受复用传输速率的限制。

由于在同步时分复用方式中，时隙预先分配而且固定不变。无论时间片拥有者是否传输数据都占有一定时隙，形成了时隙浪费，其时隙的利用率很低。为了克服同步时分复用的缺点，引入了异步时分复用技术。

2）异步时分复用

异步时分复用（Asynchronous Time Division Multiplexing，ATDM）技术又被称为统计时分复用（Statistical Time Division Multiplexing，STDM）或智能时分复用（Intelligent Time Division Multiplexing，ITDM），它能动态地按需分配时隙，避免每个时间段中出现空闲时隙。

异步时分复用就是只有一路用户有数据要发送时才把时隙分配给它，当用户暂停发送数据时不给它分配电路资源（时隙）。电路的空闲时隙可用于其他用户的数据传输。所以每个用户的传输速率可以高于平均速率（即通过多占时隙），最高可达到电路总的传输能力（即占有所有的时隙）。例如，电路总的传输能力为 28.8 kb/s，3 个用户共用此电路，在同步时分复用方式中，则每个用户的最高速率为 9 600 b/s，而在异步时分复用方式中，每个用户的最高速率为 28.8 kb/s。

4. 码分复用

码分复用（Code Division Multiplexing，CDM）是另一种共享信道的方法。实际上，人们更常用的名词是码分多址（Code Division Multiple Access，CDMA）。每一个用户可以在同样的时间使用同样的频带进行通信。由于各用户使用经过特殊挑选的不同码型，因此各用户之间不会造成干扰。码分复用最初是用于军事通信的，因为这种系统发送的信号有很强的抗干扰能力，其频谱类似于白噪声，不易被敌人发现。随着技术的进步，CDMA 设备的价格和体积都大幅下降，因而现在已广泛应用于民用的移动通信中，特别是在无线局域网中。采用 CDMA 可提高通信的话音质量和数据传输的可靠性，减少干扰对通信的影响，增大通信系统的容量（是使用全球移动通信系统的 4～5 倍），降低手机的平均发射功率等。

2.5 数据交换技术

两个远距离终端设备要进行通信时，可以在它们之间架设一条专用的点到点线路来实现，但这种方案下的通信线路的利用率较低。尤其是在终端数目较多时，要在所有终端之间都建立专用的点到点通信线路（对应于全互联型拓扑结构）是不可能的。实际上广域网的拓扑结构多为部分连接，当两个终端之间没有直连线路时，就必须经过中间节点的转接才能实现通信。这种由中间节点进行转接的通信方式称为交换，中间节点又称为交换节点或转接节点。当网络规模很大时，多个交换节点又可以相互连接成交换网络，这样，终端间的通信就可以避免使用专门的点到点连线，而是由交换网络提供一条临时通信路径完成数据传送，这样既节省了线路建设的投资，又提高了线路利用率。

数据交换技术主要有 3 种，即电路交换、分组交换和报文交换。

2.5.1 电路交换

在电话问世后不久，人们发现要让所有的电话机两两相连接是不现实的，两部电话只需要用一对电线就能够互相连接起来，如图 2-11（a）所示。当 5 部电话要两两相连时，则需要 10 对电线，如图 2-11（b）所示。当 N 部电话实现两两相连时，就需要 $N(N-1)/2$ 对电线。在电路连接线路中，电话机的数量越大，两两相连需要的电线数量越大（与电话机数量的平方成正比）。人们认识到，要使每一部电话都能很方便地和另一部电话进行通信，就应使用电话交换机将这些电话连接起来，将每一部电话都连接到交换机上，而交换机使用交换的方法，让电话用户彼此之间可以很方便地通信，如图 2-11（c）所示。电话交换机虽然经过多次更新换代，但交换的方式一直都是电路交换。

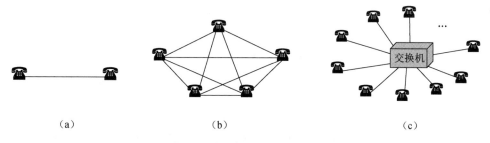

(a)　　　　　　　　　　　　(b)　　　　　　　　　　　　(c)

图 2-11　电话机的不同连接方法

(a) 两部电话直接相连；(b) 5 部电话两两相连；(c) 用交换机连接多部电话

当电话机的数量增多时，就要使用很多彼此连接起来的交换机来完成全网的交换任务。用这样的方法，就构成了覆盖全世界的电信网。

从通信资源的分配角度来看，交换（switching）就是按照某种方式动态地分配传输线路的资源。在使用电路交换打电话之前，必须先拨号请求建立连接。当被叫用户听到交换机传来的振铃音并摘机后，从主叫端到被叫端就建立了一条连接，也就是一条专用的物理通路。这条连接保证了双方通话时所需的通信资源，而这些资源在双方通信时不会被其他用户占用。此后主叫和被叫双方就能互相通电话，此时，主叫端到被叫端的通信资源被占用，如图 2-12 所示。通话完毕挂机后，交换机释放刚才使用的这条专用的物理通路（即把刚才占用的所有通信资源归还给电信网）。

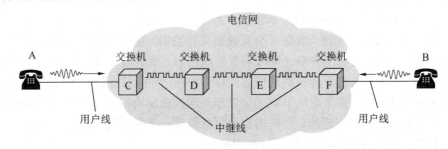

图 2-12　电路交换的用户始终占用端到端的通信资源

这种必须经过"建立连接（占用通信资源）→通话（一直占用通信资源）→释放连接（归还通信资源）" 3 个步骤的交换方式称为电路交换。如果用户在拨号呼叫时电信网的资源已不足以支持这次的呼叫，则主叫用户会听到忙音，表示电信网不接受用户的呼叫，用户必须挂机，等待一段时间后再重新拨号。

为简单起见，图 2-12 中没有区分市话交换机和长途电话交换机。应当注意的是，用户线是电话用户到所连接的市话交换机的连接线路，是用户独占的传送模拟信号的专用线路，而交换机之间拥有大量话路的中继线（这些传输线路早已数字化）则是许多用户共享的，正在通话的用户只占用了中继线里面的一个话路。电路交换的一个重要特点就是在通话的全部时间内，通话的两个用户始终占用端到端的通信资源。

当使用电路交换来传送计算机数据时，其线路的传输效率往往很低。这是因为计算机数据是突发式地出现在传输线路上的，因此线路上真正用来传送数据的时间往往不到 10%，有时甚至低到 1%。已被用户占用的通信线路资源在绝大部分时间里都是空闲的。例如，当用户屏幕上的信息或用键盘输入和编辑一份文件时，或计算机正在进行处理而结果尚未返回时，宝贵的通信线路资源并未被利用而是白白浪费了。

2.5.2　分组交换

分组交换采用存储转发技术。通常，我们把要发送的整块数据称为一个报文(message)。在发送报文之前，先把较长的报文划分为更小的等长数据段，在每一个数据段前面加上一些必要的控制信息组成的首部（header）后，就构成了一个分组（packet）。分组又称为包，而分组的首部也可称为包头。分组是在 Internet 中传送的数据单元。分组中的首部是非常重要的，正是由于分组的首部包含了如目的地址和源地址等重要的控制信息，每一个分组才能在

Internet 中独立地选择传输路径，并被正确地交付到分组传输的终点。报文划分分组的概念如图 2-13 所示。

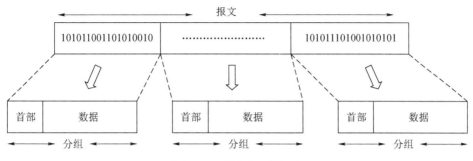

图 2-13　划分分组的概念

Internet 的核心部分是由许多网络和把它们互联起来的路由器组成的，主机处在 Internet 的边缘部分。Internet 核心部分的路由器之间一般用高速链路连接，网络边缘的主机则通过较低速率的链路接入核心部分，如图 2-14（a）所示。

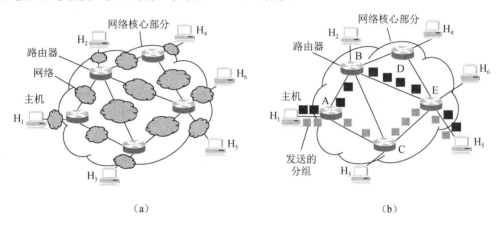

图 2-14　分组交换

（a）核心部分的路由器把网络互联起来；（b）核心部分中的网络可用一条链路表示

位于网络边缘的主机和位于网络核心部分的路由器的作用不同。主机是为用户进行信息处理的，并且可以和其他主机通过网络交换信息。路由器则是用来转发分组的，即进行分组交换的。路由器收到一个分组，先暂时存储一下，检查其首部，并查找转发表，按照首部中的目的地址，找到合适的接口转发出去，把分组交给下一个路由器。这样一步一步地（有时会经过几十个不同的路由器）以存储转发的方式，把分组交付给最终的目的主机。各路由器之间必须经常交换彼此掌握的路由信息，以便创建和维持路由器中的转发表，使转发表能在整个网络拓扑发生变化时及时更新。

当我们讨论 Internet 的核心部分中的路由器转发分组的过程时，往往把单个的网络简化成一条链路，而路由器成为核心部分的节点，如图 2-14（b）所示。这种简化图看起来更加突出重点，因为在转发分组时最重要的就是要知道路由器之间是怎样连接起来的。

现在假定图 2-14（b）中的主机 H_1 向主机 H_5 发送数据。主机 H_1 先将分组逐个地发往与它直接相连的路由器 A。此时，除链路 H_1-A 外，其他通信链路并不被目前通信的双方所占用。需要注意的是，即使是链路 H_1-A，也只是当分组正在此链路上待送时才被占用。在各分组传送之间的空闲时间，链路 H_1-A 仍可被其他主机发送的分组使用。

路由器 A 把主机 H_1 发来的分组放入缓存。假定从路由器 A 的转发表中查出应把该分组转发到链路 A-C，于是分组就传送到路由器 C。当分组正在链路 A-C 传送时，该分组并不占用网络其他部分的资源。

路由器 C 继续按上述方式查找转发表，假定查出应转发到路由器 E。当分组到达路由器 E 后，路由器 E 就最后把分组直接交给主机 H_5。

假定在某一个分组的传送过程中，链路 A-C 的通信量太大，那么路由器 A 可以把分组沿另一个路由转发到路由器 B，再转发到路由器 E，最后把分组送到主机 H_5。在网络中可同时有多个主机进行通信，如主机 H_2 也可以经过路由器 B 和 E 与主机 H_6 通信。

注意：路由器暂时存储的是一个个短分组，而不是整个的长报文。短分组是暂存在路由器的存储器（即内存）中而不是存储在磁盘中的。这就保证了较高的交换速率。

在图 2-14（b）中只有一对主机 H_1 和 H_5 在进行通信。实际上，Internet 可以容许非常多的主机同时进行通信，而一个主机中的多个进程（即正在运行中的多道程序）也可以各自和不同主机中的不同进程进行通信。

注意：分组交换在传送数据之前不必先占用一条端到端的通信资源。分组在哪一段链路上传送时，才占用这段链路的通信资源。分组到达一个路由器后，先暂时存储下来，查找转发表，然后从另一条合适的链路转发出去。分组在传输时就这样一段段地断续占用通信资源，并省去了建立连接和释放连接的开销，因而数据的传输效率更高。

Internet 采取了专门的措施，保证了数据的传送具有非常高的可靠性。当网络中的某些节点或链路突然出故障时，在各路由器中运行的路由选择协议能够自动找到其他路径转发分组。

综上所述可知，采用存储转发的分组交换，实质上采用了在数据通信的过程中断续（或动态）分配传输带宽的策略。这对传送突发式的计算机数据非常合适，使通信线路的利用率大大提高。

为了提高分组交换网的可靠性，Internet 的核心部分常采用网状拓扑结构，这样当发生网络拥塞或少数节点、链路出现故障时，路由器可灵活地改变转发路由而不致引起通信的中断或全网的瘫痪。此外，通信网络的主干线路往往由一些高速链路构成，这样能以较高的数据传输速率迅速地传送计算机数据。

综上所述，分组交换主要的优点可归纳如表 2-2 所示。

表 2-2　分组交换的优点

优点	所采用的手段
高效	在分组传输的过程中动态分配传输带宽，对通信链路是逐段占用
灵活	为每一个分组独立地选择转发路由
迅速	以分组作为传送单位，可以先不建立连接就能向其他主机发送分组
可靠	保证可靠性的网络协议；分布式多路由的分组交换网，使网络有很好的生存性

分组交换也带来一些新的问题。例如，分组在各路由器存储转发时需要排队，这就会造成一定的时延。因此，必须尽量设法减少这种时延。此外，由于分组交换不像电路交换那样通过建立连接来保证通信时所需的各种资源，因而无法确保通信时端到端所需的带宽。

　　分组交换带来的另一个问题是各分组必须携带控制信息，这也造成了一定的开销。而整个分组交换网还需要专门的管理和控制机制。

　　应当指出，从本质上讲，这种断续分配传输带宽的存储转发原理并非是完全新的概念。自古代就有的邮政通信，就其本质来说也属于存储转发方式。而在 20 世纪 40 年代，电报通信也采用了基于存储转发原理的报文交换（message switching）。在报文交换中心，一份份电报被接收下来，并穿成纸带。操作员以每份报文为单位，撕下纸带，根据报文的目的站地址，使用相应的发报机转发出去。这种报文交换的时延较长，从几分钟到几小时不等，且现在报文交换已经很少有人使用了。分组交换虽然也采用存储转发原理，但由于使用了计算机进行处理，这就使分组的转发非常迅速。例如，ARPANET 建网初期的经验表明，在正常的网络负荷下，当时横跨美国东西海岸的端到端平均时延小于 0.1 s。这样，分组交换虽然采用了某些古老的交换原理，但实际上已成为了一种崭新的交换技术。

　　图 2-15 表示电路交换、报文交换和分组交换的主要区别。图中的 A 和 D 分别是源点和终点，而 B 和 C 是在 A 和 D 之间的中间节点。3 种交换方式在数据传送阶段各具特点：电路交换将整个报文的比特流连续地从源点直达终点，好像在一个管道中传送；报文交换将整个报文先传送到相邻节点，全部存储下来后查找转发表，转发到下一个节点；分组交换将单个分组（这只是整个报文的一部分）传送到相邻节点，存储下来后查找转发表，转发到下一个节点。

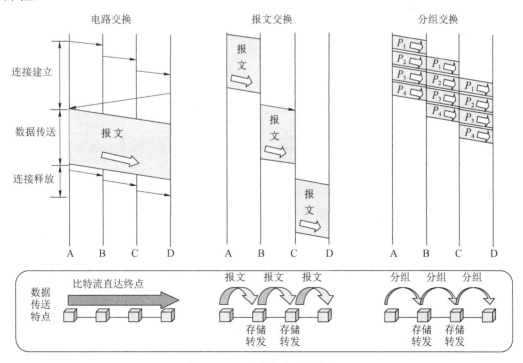

图 2-15　3 种交换方式的比较

从图 2-15 可看出，若要连续传送大量的数据，且其传送时间远大于连接建立时间，则电路交换的传输速率较快。报文交换和分组交换不需要预先分配传输带宽，在传送突发数据时可提高整个网络的信道利用率。由于一个分组的长度往往远小于整个报文的长度，因此，分组交换比报文交换的时延小，同时也具有更好的灵活性。

2.6 差错控制技术

理想的通信系统在现实中是不存在的，信息传输过程中总会出现差错。差错是指接收端接收到的数据与发送端实际发出的数据出现不一致的现象。差错控制是指在数据通信过程中，发现并检测差错，对差错进行纠正，从而把差错限制在数据传输所允许的尽可能小的范围内的技术和方法。

2.6.1 差错产生的原因与类型

通信过程中出现的差错大致可以分为两类：一类是由热噪声引起的随机错误；另一类是由冲击噪声引起的突发错误。

1. 随机错误

通信线路中的热噪声是由电子的热运动产生的，香农关于有噪声信道传输速率的结论就是针对这种噪声的。热噪声时刻存在，具有很宽的频谱，但幅度较小。通信线路的信噪比越高，热噪声引起的差错就越少。这种差错具有随机性。

2. 突发错误

冲击噪声源是外界的电磁干扰，如发动汽车时产生的火花、电焊机引起的电压波动等。冲击噪声持续时间短，但幅度大，往往会引起一个位串出错。根据这个特点，称其为突发性差错。

此外，由于信号幅度和传播速率与相位、频率有关而引起信号失真，以及相邻线路之间发生串音等都会导致严重差错，这些差错也具有突发性。

突发性差错影响局部，而随机性差错总是断续存在，影响全局。所以，计算机网络通信要尽量提高通信设备的信噪比，以达到符合要求的误码率。此外，要进一步提高传输质量，就需要采取有效的差错控制方法。

2.6.2 差错控制的方法

降低误码率，提高传输质量，一方面要提高线路和传输设备的性能和质量，这有赖于更大的投资和技术进步；另一方面则是采用差错控制方法。差错控制是指采取某种手段去发现并纠正传输错误。

发现差错甚至纠正差错的常用方法是对被传送的信息进行适当的编码。它是给信息码元加上冗余码元，并使冗余码元与信息码元之间具备某种关联关系，然后将信息码元和冗余码元一起通过信道发送。接收端接收到这两种码元后，检验它们之间的关联关系是否符合发送端建立的关系，这样就可以校验传输差错，甚至可以对其进行纠正。能检查差错的编码称为检错码（error-detecting code），如奇偶校验码、循环冗余检验码等；能纠正差错的编码称为纠错码（error-correcting code），如汉明码等。纠错码方法虽然有其优越之处，但实现过程复杂、造价高、费时费力，在一般的通信场合不宜采用。检错码方法虽然要通过重传机制达到纠错，但其原理简单、容易实现、编码和解码速度快，因此在网络中被广泛采用。而数据通信系统采用的差错控制方法一般有检错反馈重发、自动纠错、混合方式 3 种。

1. 检错反馈重发

检错反馈重发又称为自动请求重发（Automatic Repeat Request，ARQ）。接收方的译码器只检测有无误码，若发现有误码，则利用反向信道要求发送方重发出错的消息，直到接收方检测认为无误码为止。显然，对于速率恒定的信道来说，重传会降低系统的信道吞吐量。

自动请求重发分为 3 种，即停-等、返回重发和选择重传。

1）停-等

发送方每发完一个数据报文后，必须等待接收方确认后才能发出下一个数据报文。

2）返回重发

发送方可以连续发送多个数据报文。若前面的某个数据报文出错，该数据报文后的所有数据报文都需要重发。

3）选择重传

发送方可以连续发送多个数据报文。若前面的某个数据报文出错，只需重发出错的这个数据报文。但这种方法要求发送方对出错数据报文重发前接收的所有未被确认的数据报文进行缓存。

2. 自动纠错

自动纠错又称为前向纠错（Forward Error Correction，FEC）。接收方检测到接收的数据帧有错后，通过一定的运算，确定差错位的具体位置，并对其自动加以纠正。自动纠错方法不求助于反向信道，故称为前向纠错。

3. 混合方式

混合方式要求接收方对少量的接收差错自动执行前向纠错，而对超出纠正能力的差错则通过反馈重发的方法加以纠正。所以，这是一种纠错、检错相结合的混合方式。

在以有线介质为主的数据通信系统中，ARQ 的应用最为普遍；而在无线通信系统中，前向纠错控制得到了广泛的应用。但无论哪种差错控制方式，从本质上来说，都是以降低实际的传输效率来换取传输的高可靠性。在给定的信道条件下，决定采用哪种差错控制方式的因素是如何以较小的代价来换取所需要的可靠性指标。

2.6.3 差错控制编码

差错控制编码主要有检错码和纠错码。

1. 检错码

目前，常见的检错码主要有奇偶校验码和循环冗余校验编码。

1）奇偶校验码

奇偶校验码是最常见的一种检错码，主要用于以字符为传输单位的通信系统中。其工作原理非常简单，就是在原始数据字节的最高位或最低位增加一位，即奇偶校验位，以保证所传输的每个字符中 1 的个数为奇数（奇校验）或偶数（偶校验）。例如，原始数据为 1100010，若采用偶校验，则增加校验位后的数据为 11100010。若接收方收到字节的奇偶结果不正确，就可以知道传输过程中发生了错误。从奇偶校验的原理可以看出，奇偶校验只能检测出奇数个位发生的错误，对于偶数个位同时发生的错误则无能为力。

由于奇偶校验码的校验能力低，因此不适用于块数据的传输，取而代之的是垂直水平奇偶校验码（也称为纵横奇偶校验码或方阵码）。在这种校验码中，每 t 个字符占据 1 列，低位在上，高位在下。在 t 单元码中，用第 8 位作为垂直奇偶校验位。若干字符纵向排列形成 1 个方阵。因此，各字符的同一位形成 1 行。每一行的最右边 1 位作为水平奇偶校验位。在垂直和水平方向上均采用了偶校验的编码，如表 2-3 所示。

表 2-3　垂直和水平方向上采用偶校验码

	信息码	监督码
b_1	1 0 1 0 1 0 1 0 1 0 1 0 1 0	1
b_2	0 1 1 0 0 1 1 0 0 1 1 0 0 1	1
b_3	0 0 0 1 1 1 1 0 0 0 0 1 1 1	1
b_4	0 0 0 0 0 0 0 0 1 1 1 1 1 1	1
b_5	0 0 0 0 0 0 0 0 0 0 0 0 0 0	0
b_6	1 0 1 0 0 1 1 0 0 1 0 0 1 0	0
b_7	0 1 0 1 1 0 0 1 1 0 1 1 0 1	0
b_8	0 0 1 0 1 1 0 0 1 1 0 1 0 0	0

ISO 规定，在同步传输中使用奇校验，而在异步传输中使用偶校验。需要指明的是，垂直水平奇偶校验方法同样存在无法检测出来的差错，如成对且成组出现的差错。

2）循环冗余校验编码

循环冗余校验（Cyclic Redundancy Check，CRC）编码是局域网和广域网的数据链路层通信中用得最多也是最有效的检错方式，其基本思想就是在数据后面添加一组与数据相关的冗余码。冗余码的位数常见的有 12 位、16 位和 32 位。冗余码的位数越多，检错能力越强，但传输的额外开销也就越大。目前无论是发送方冗余码的生成，还是接收方的校验，都可以使用专用的集成电路来实现，从而大大加快循环冗余校验的速度。

循环冗余校验的基本思想是将任何一个二进制位串都看成一个多项式，多项式的系数只能是 0 和 1，n 位长度的码 C 可以用下述 $n-1$ 次多项式来表示，如式（2-5）所示。

$$C(x) = C_{n-1}x^{n-1} + C_{n-2}x^{n-2} + \cdots + C_1x^1 + C_0 \qquad (2-5)$$

例如，位串 1010001 可以表示为 $x^6 + x^4 + 1$。

数据后面附加冗余码的操作可以用多项式的算术运算来表示。例如，一个 k 位的信息码后面附加 r 位的冗余码，组成长度为 $n=k+r$ 的码，它对应一个 $n-1$ 次的多项式 $C(x)$，信息码对应一个 $k-1$ 次的多项式 $K(x)$，冗余码对应一个 $r-1$ 次的多项式 $R(x)$，则有式（2-6）。

$$C(x) = x^r K(x) + R(x) \qquad (2-6)$$

由信息码生成冗余码的过程，即由已知的 $K(x)$ 求 $R(x)$ 的过程，也是由多项式的运算来实现的。其方法是用一个特定的 r 次多项式 $G(x)$ 去除 $x^r K(x)$，得到 r 位余数 $R(x)$ 作为冗余码。即

$$R(x) = \mathrm{mod}(x^r K(x), G(x))$$

其中，$G(x)$ 称为生成多项式，是由通信双方预先约定的。取模运算中的多项式除法只要用多项式对应的系数进行模 2 除法运算即可（模 2 除法中做减法不需要借位，相当于做异或运算）。

下面通过一个具体的例子来说明由信息码生成冗余码的过程。

【例 2-1】要传输的信息位串为 1101011011，信息码对应的多项式为 $K(x) = x^9 + x^8 + x^6 + x^4 + x^3 + x + 1$，采用的生成多项式为 $G(x) = x^4 + x + 1$、$r=4$，对应位串为 10011。

解：

$x^4 K(x) = x^{13} + x^{12} + x^{10} + x^8 + x^7 + x^5 + x^4$，对应位串为 11010110110000；$R(x) = \mathrm{mod}(x^4 K(x), G(x)) = x^3 + x^2 + x$，对应位串为 1110。

```
                1 1 0 0 0 0 1 0 1 0
      10011  /  1 1 0 1 0 1 1 0 1 1 0 0 0 0
               1 0 0 1 1
               0 1 0 0 1 1
                 1 0 0 1 1
                 0 0 0 0 0 1 0 1 1 0
                         1 0 0 1 1
                         1 0 1 0 0
                         1 0 0 1 1
                         1 1 1 0      余数
```

将 1110 作为冗余码加到 $x^4 K(x)$ 所对应的位串上，得

$$11010110110000 + 1110 = 11010110111110$$

于是，实际传输的位串为 11010110111110。

如果数据在传输过程中不出现差错，则接收方收到的信息应当是 $C(x)$，接收方将接收到的 $C(x)$ 除以生成多项式 $G(x)$，若传输正确，其余数一定等于 0。

证明如下：

设 $x^r K(x)$ 除以 $G(x)$ 的商为 $Q(x)$，余数为 $R(x)$，则

$$x'K(x) = G(x)Q(x) + R(x)$$
$$\begin{aligned}C(x) &= x'K(x) + R(x)\\&= G(x)Q(x) + R(x) + R(x)\\&= G(x)Q(x)\end{aligned}$$

需要注意的是，余数为 0 并不能断定传输过程中一定没有错误，在某些特殊位差错组合下，循环冗余校验完全有可能碰巧使余数等于 0。循环冗余校验的检错率比奇偶校验高得多，但并不是保证绝对正确。尽管如此，这对于实际的计算机通信已经足够了，不会对数据传输造成不良影响。

目前国际上已被标准化的生成多项式 $G(x)$ 有以下几种。

CRC-8：$x^8 + x^2 + x + 1$

CRC-12：$x^{12} + x^{11} + x^3 + x^2 + x + 1$

CRC-16：$x^{16} + x^{15} + x^2 + 1$

CRC_CCITT：$x^{16} + x^{12} + x^5 + 1$

CRC-32：$x^{32} + x^{26} + x^{23} + x^{22} + x^{16} + x^{12} + x^{11} + x^{10} + x^8 + x^7 + x^5 + x^4 + x^2 + x + 1$

上述生成多项式都经过了数学上的精心设计和实际检验，能够较好满足实际应用的需求，并已经在通信中获得了广泛的应用。例如，CRC-8 被用于 ATM 信元头差错校验中，CRC-16 被用于二进制同步传输规程中，CRC_CCITT 被用于高级数据链路控制通信规程中，CRC-32 被用于 IEEE 802.3 以太网的数据链路层通信中。

应当注意，使用循环冗余校验差错检测技术只能做到无差错接收。无差错接收是指凡是接收的帧（不包括丢弃的帧），都能以非常接近于 1 的概率认为这些帧在传输过程中没有产生差错，或者说得更简单些，是指凡是接收的帧(丢弃的帧不属于接收的帧）均无传输差错。而要做到真正的"可靠传输"（即发送什么就收到什么），就必须再加上确认和重传机制。

2. 纠错码

从前面介绍的一些简单编码可以看出，奇偶校验码的编码原理利用了代数关系式，我们把这类建立在代数基础上的编码称为代数码。在代数码中，常见的是线性码。线性码中信息位和监督位是由一些线性代数方程联系的，或者说，线性码是按一组线性方程构成的。这一部分将以汉明（hamming）码为例引入线性分组码的一般原理。

汉明码是一种能够纠正一位错码且编码效率较高的线性分组码。它是 1950 年由美国贝尔实验室提出来的，是第一个设计用来纠正错误的线性分组码，汉明码及其变型已广泛应用于数据存储系统中作为差错控制码。

2.7　通信原理仿真解析

本节主要内容是使用 System View 5.0 进行通信原理仿真，二进制幅移键控（2ASK）系统仿真如下。

1．调制

根据模拟相乘法原理，利用 System View 5.0 软件对 2ASK 的调制进行仿真设计，如图 2-16 所示。

（1）设置参数。

Token 0：基带信号—PN 码序列，Rate=10 Hz，Amplitude（幅度）=0.5 V，Offset（偏移）=0.5 V。

Token 1：乘法器。

Token 2：载波—正弦波发生器，Amplitude（幅度）=1 V，Frequency（频率）=100 Hz。

Token 3、4：分析观察窗口。

（2）检查仿真电路图和设置的参数，确认无误后，再设置运行时间：开始时间（Start Time）为 0 s，停止时间（Stop Time）为 0.5 s；采样频率（Sample Rate）为 1 000 Hz。

（3）运行仿真。

（4）通过观察窗口 3 和 4，分析仿真结果。

2．解调

根据相干解调的原理，利用 System View 5.0 软件对 2ASK 解调进行仿真设计（参数略），如图 2-16～图 2-18 所示。

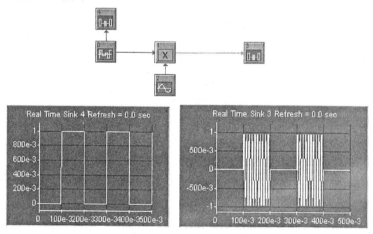

图 2-16　2ASK 调制仿真设计及运行结果

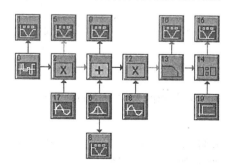

图 2-17　2ASK 相干解调仿真设计

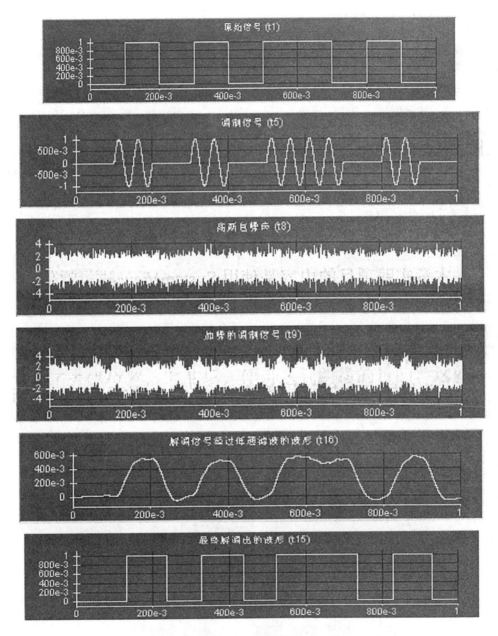

图 2-18　仿真结果

二进制的基带信号和正弦载波经过乘法模拟器得到调制信号，即为 2ASK 信号。已调信号经过信道时，受到不同噪声的干扰，导致在接收端解调出的已调信号中混入了噪声，该已调信号经过半波整流器和抽样判决器后会输出二进制基带信号。

最后接收端解调输出的波形和原始不归零制信号相比，虽然有部分不吻合，但其参量是相同的，表明该系统可以实现 2ASK 数字调制系统的调制和解调原理，符合设计要求。

请读者自行完成二进制频移键控（2FSK）、二进制相移键控（2PSK）系统仿真。

思考与练习

一、选择题

1. 半双工数据传输是（　　）。

  A．双向同时传输　　　　　　　　　B．双向不同时传输

  C．单向传输　　　　　　　　　　　D．A 和 B 都可以

2. 如果一个码元脉冲有 4 个状态，则这一数据传输系统的比特速率是其调制速率乘以（　　）。

  A．1　　　　　　　B．2　　　　　　　C．3　　　　　　　D．4

3. 水平奇偶校验码（　　）。

  A．能发现单个或奇数个错误，但不能纠正

  B．能发现一位错误，并纠正一位错误

  C．能发现并纠正偶数位错误

  D．最多能发现两个错误，且能纠正一位错误

4. 在数据传送过程中，为发现误码甚至纠正误码，通常在原数据上附加"校验码"。其中功能较强的是（　　）。

  A．奇偶校验码　　　　　　　　　　B．循环冗余码

  C．交叉校验码　　　　　　　　　　D．横向校验码

5. 数据报方式中用户之间通信（　　）。

  A．需要经历呼叫建立阶段，但无须清除阶段

  B．不需要经历呼叫建立阶段，但需要清除阶段

  C．需要经历呼叫建立阶段，也需要清除阶段

  D．不需要经历呼叫建立阶段，也不需要清除阶段

二、简答题

1. 数据在信道中传输时为什么要先进行编码？有几种编码方法？

2. 信道的通信方式有几种？在实际的网络中，最常用的是哪种方式？为什么？

3. 给出比特流 011000101111 的不归零制编码、曼彻斯特编码及差分曼彻斯特编码的波形图。

4. 为什么要使用信道复用技术？常用的信道复用技术有哪些？各有何特点？

5. 试从多个方面比较电路交换、报文交换和分组交换的主要优缺点。

三、计算题

1. 假若接收到的信息是 11001010101，用多项式 $G(x) = x^5 + x^4 + x + 1$ 校验是否正确。

2. 某一个数据通信系统采用 CRC 校验方式，并且生成多项式 $G(x)$ 的二进制比特序列为 11001，目的节点收到的二进制比特序列为 110111001（含 CRC 校验码）。请判断传输过程中是否出现了差错？为什么？

第3章 计算机网络体系结构

一方面，计算机网络通信是一个非常复杂的过程，将一个复杂过程分解为若干个容易处理的部分，然后逐个分析处理，这种结构化设计方法是工程设计中经常用到的，分层是复杂系统分解的方法之一。另一方面，计算机网络系统是一个十分复杂的系统，它由各种各样的完成不同功能的软硬件组成，要使其众多的网络元素有机地组织、协同工作实现信息交换和资源共享，它们之间必须具有共同约定，必须遵守某种相互都能接受的规则。

本章重点介绍网络体系结构、分层、协议等基本概念，然后分析理解 OSI-RM 七层参考模型，并了解各层次的功能，最后分别对 TCP/IP 协议与 OSI-RM 七层参考模型进行分析比较。

3.1 网络体系结构及协议

计算机网络系统作为一种十分复杂的系统，如何从整体上描述计算机网络的实现框架，形成各方共同遵守的一致性参照标准，尽可能透明地为用户提供各种通信和资源共享服务，同时又能使不同厂商各自开发和生产的产品相互兼容成为一个必须解决的核心问题。网络体系结构要解决的问题是如何构建网络的结构，以及如何根据网络结构来制定网络通信的规范和标准。计算机网络体系结构是分析、研究和实现当代计算机网络的基础，具有一般指导性的原则，也是贯穿计算机网络整个学科内容的一根主线。

3.1.1 问题的提出

随着计算机网络技术的不断发展，计算机网络的规模越来越大，各种应用不断增加，网络也因此变得更加复杂。计算机网络系统综合了计算机、通信、材料及众多应用领域的知识和技术，如何使这些知识和技术共存于不同的软硬件系统、不同的通信网络及各种外部辅助设备构成的系统中，是计算机网络设计者和研究者面临的主要难题。面对复杂的计算机网络系统，如何分析、研究并将其实现，需要有解决复杂问题的思想和方法，其关键问题包括以下几个方面。

（1）如何将计算机网络系统合理地分层。

（2）如何构建网络体系结构（抽象化描述）。

（3）将其模型化。

作为近代计算机网络发展里程碑的美国 ARPA 网（Internet 的前身）就是采用分层结构构建的，它确立了通信子网和资源子网两层逻辑网络和网络层次结构等概念，并为分层实现通信的控制方法和协议做了大量的研究，为网络体系结构的完善和发展提供了实践经验。

到了 20 世纪 70 年代，随着国际上各种广域网和公用分组交换网的大量出现，各计算机系统生产商纷纷开发了自己的网络体系结构和计算机网络产品，但随之而来的是网络系统结构与网络协议的标准化问题，以实现不同网络产品的互联（含兼容问题）。而 ISO 颁布的 OSI 参考模型统一了各种网络体系结构的功能标准，为网络理论体系的形成与网络技术的发展作出了重大贡献。

3.1.2 体系结构及网络协议的概念

计算机网络系统要完成复杂的各种功能，不可能只制定一个规则就能描述所有问题。实践证明，最好的办法就是采用分层结构则解决复杂的计算机网络系统的第一个关键问题就是分层次问题。

1. 采用分层结构的原因

网络体系就是使用这些用不同媒介连接起来的不同设备和网络系统在不同的应用环境下实现互操作性，并满足各种业务需求的一种黏合剂，它营造了一种"生产空间"——任何厂商的任何产品及任何技术中要遵守这个空间的行为规则，就能够在其中生存并发展。网络体系结构解决异质性的问题采用的是分层方法，即把复杂的网络互联问题划分为若干个较小的、单一的问题，在不同层上予以解决。

为了更好地理解分层的含义，举一个现实中的例子来说明。

假定 A 是 X 公司经理，B 是 Y 公司的经理，A 和 B 想通过寄信的方式对某件事进行协商。具体的做法是，A 把信写好后交给他的秘书，然后秘书将信盖章，封入信封并投入信箱。此后，这封信就作为信件按邮局的发送顺序被发到了 Y 公司。在 Y 公司，B 的秘书检查、核对，标上接收日期送交 B 进行处理。

这件事情至少可分为 3 个层次。最高层为经理层，A 和 B 了解他们所要商谈的事情；下面一层是秘书层，这一层不必了解商谈内容，只负责装/拆信封/编号，如果 A 和 B 所用的语言不同，则其还负责进行翻译；最低一层是邮政层，邮局的人负责将信件从发送地送到接收地，这一层完全不管信件的性质、所用语言，更不管信件的内容。

这样分层的好处是，每一层实现一种相对独立的功能，将复杂问题分解为若干易处理的小问题。在现实生活中，这种做法司空见惯，只不过是被称为分工合作。计算机系统之间的通信与以上寄信过程当然有很大差别，但其分层的含义却是一样的。

2. 分层的原则

分层的概念是计算机网络系统的一个重要概念。由于通信功能是分层实现的，因而进行通信的两个系统必须具有相同的层次结构，如图 3-1 所示，两个不同系统上的相同的层次称为同等层或对等层。通信在对等层上的实体之间进行（实体泛指任何可以发送或接收信息的软件或设备），双方实现第 N 层功能所遵守的共同规则，称为第 N 层协议。我们将计算机网络的各层及其协议的集合，称为网络的体系结构。也就是说计算机网络的体系结构是计算机网络及其部件所应完成的功能，是精确定义的。

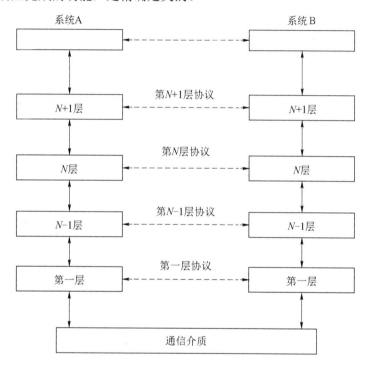

图 3-1　计算机网络的层次结构

在上述要求的基础上，按下面原则对层次结构进行划分。

（1）每层的功能应是明确的，并且是相互独立的，当某一层的具体实现方法更新时，只要保持上、下层的接口不变便不会对相邻层产生影响。

（2）同一节点相邻层之间通过接口通信，层间接口必须清晰，跨越接口的信息量应尽可能少。

（3）层数应适中。若层次太少，则造成每一层的协议太复杂；若层数太多，则体系结构过于复杂，使描述和实现各层功能变得困难。

（4）每一层都使用下一层的服务，并为上一层提供服务。

（5）网中各节点都有相同的层次，不同节点的同等层按照协议实现对等层之间的通信。

网络体系结构分层具有如下几个优点。

（1）把网络操作分成复杂性较低的单元，结构清晰，易于实现和维护。

（2）定义并提供了具有兼容性的标准接口，易于标准化。

（3）使设计人员能专心设计和开发所关心的功能模块。

（4）独立性强——上层只需了解下层，通过层间接口提供什么服务。

（5）适用性强——只要服务和接口不变，层内容实现方法可任意改变。

（6）一个区域网络的变化不会影响另外一个区域的网络，因此每个区域的网络可单独升级或改造。

3. 网络的协议

计算机网络最基本的功能就是资源共享、信息交换。为了实现这些功能，网络中各实体之间经常要进行各种通信和对话。这些通信实体的情况千差万别，如果没有统一的约定，就好比一个城市的交通系统没有任何交通规则，可各行其是，其结果肯定是乱作一团。人们常把国际互联网络称为信息高速公路，要想在上面实现共享资源、交换信息，必须遵循一些事先制定好的规则和标准，这就是协议。

计算机网络中，协议的定义是计算机网络中实体之间的有关通信规则约定的集合。

协议有语法、语义和时序 3 个要素。

（1）语法：数据与控制信息的格式、数据编码等，它确定了通信时采用的数据格式、编码和信号电平等。

（2）语义：控制信息的内容，需要做出的动作及响应等。

（3）时序：事件先后顺序和速度匹配。

由此可见，网络协议是计算机网络的核心，是计算机网络不可或缺的组成部分。

3.1.3　接口与服务

接口与服务是分层体系结构中十分重要的概念。实际上，正是通过接口和服务将各个层次的协议连接为整体，完成网络通信的全部功能。

1. 接口

对于一个层次化的网络体系结构，每一层中活动的元素称为实体。实体可以是软件实体，如一个进程或子程序；也可以是硬件实体，如智能 I/O 芯片等。不同系统的同一层实体称为对等实体。同一系统中的下层实体向上层实体提供服务，经常称下层实体为服务提供者，上层实体为服务用户。

服务是通过接口完成的。各相邻层之间要有一个接口，接口就是上层实体和下层实体交换数据的地方，也称为服务访问点（Service Access Point，SAP），它定义了较低层向较高层提供的原始操作和服务。每一个 SAP 都有一个唯一的标志，称为端口（port）或套接字（socket）。相邻层通过它们之间的接口交换信息，上层并不需要知道下层是如何实现的，仅需要知道该层通过层间的接口所提供的服务，这样使两层之间保持了功能的独立性。

2. 协议和服务的关系

通过上述分析可以看出，协议和服务是两个不同的概念。协议是"水平"的，即协议是不同系统对等层实体之间的通信规则。服务是"垂直"的，即服务是同一系统中下层实体向上层实体通过层间的接口提供的。网络通信协议是实现不同系统对等层之间的逻辑连接，而服务则是通过接口实现同一个系统中不同层次之间的物理连接，并最终通过物理介质实现不同系统之间的物理传输过程。

N 层实体向 $N+1$ 层实体提供的服务一般包括 3 个部分：N 层实体提供的某些功能；从 $N-1$ 层及其以下各层实体及本地系统得到的服务；通过与对等的 N 层实体的通信得到的服务。

3.2　开放系统互联参考模型

虽然网络体系结构在 20 世纪年代后期得到了蓬勃发展，但这些网络结构都是以自己公司的产品为对象，不具备与其他公司网络结构的兼容性。随着网络的不断发展，强烈需要有一个国际标准。开放系统互连（Open System Interconnection，OSI）参考模型是一个标准化开放式计算机通信网络层次结构模型。"开放"表示任何两个遵守 OSI 参考模型的系统都可以进行互联，当一个系统能按 OSI 参考模型与另一个系统进行通信时，就称该系统为开放系统。系统之间的相互作用只涉及系统外部行为，而与系统内部的结构和功能无关。

3.2.1　OSI 参考模型的层次结构

OSI 参考模型最大的特点是开放性：不同厂家的网络产品只要遵照这个参考模型，就可以实现互联、互操作和可移植性；也就是说，任何遵循 OSI 参考模型的系统，只要物理上连接起来，它们之间都可以互相通信。OSI 参考模型定义了开放系统的层次结构和各层所提供的服务。OSI 参考模型的一个成功之处在于，它清晰地分开了服务、接口和协议这 3 个容易混淆的概念：服务描述了每一层的功能，接口定义了某层提供的服务如何被高层访问，而协议是每一层功能的实现方法，通过区分这些抽象概念，OSI 参考模型将功能定义与实现细节区分开来，概括性高，使其具有普遍的适应能力。

OSI 参考模型将网络的不同功能划分为 7 层，如图 3-2 所示，自底向上的 7 个层次分别是物理层、数据链路层、网络层、传输层、会话层、表示层和应用层。ISO 参考模型划分 7 个层次结构的基本原则：网络中各节点都具有相同的层次；不同节点的同等层具有相同的功能；同一节点内相邻层之间通过接口通信；每一层可以使用下层提供的服务，并向其上层提供服务；不同节点的同等层通过协议来实现对等层之间的通信。

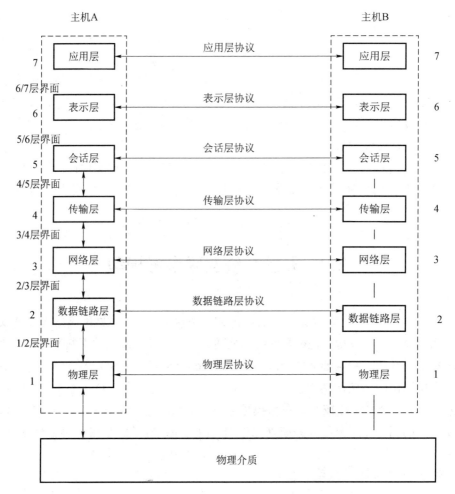

图 3-2　OSI 参考模型

3.2.2　OSI 参考模型各层的功能

1. 物理层

物理层是 OSI 参考模型的最低层,是网络物理设备之间的接口,它的任务是为它的上一层(数据链路层)提供一个物理连接,以便透明地传送比特流,如图 3-3 所示。"透明地传送比特流"是标志经实际电路传送后的比特流没有发生变化,物理层好像是透明的,对其中的传送内容不会有任何影响,任意的比特流都可以在这个电路上传送。

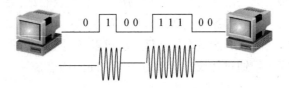

图 3-3　物理层比特流传输

物理层主要提供的服务：物理连接服务，数据单元顺序化（接收物理实体收到的比特顺序，与发送物理实体所发送的比特顺序相同），数据电路标志，故障情况报告与服务质量指标。

物理层利用传输介质为通信的网络节点之间建立、管理和释放物理连接，实现比特流的透明传输，为数据链路层提供数据传输服务。

2. 数据链路层

数据链路层的主要功能是在物理层提供的比特服务基础上，在相邻节点之间提供简单的通信链路，传输以帧为单位的数据，另外它还有数据链路的流量控制、差错检测和使用 MAC（Media Access Control）地址访问介质的功能。

数据链路层的主要任务是加强物理层传输原始比特的功能，使之对网络层呈现一条无差错线路，数据链路层的简单通信链路是建立在物理层的比特流传输服务基础上的，物理层提供的比特流服务由于机械、电气等原因，难免有各种各样的错误，如将"0""1"颠倒，丢失一个"0"或"1"，或者因为信号干扰而多出一位数字。数据链路层要将不可靠的物理传输信道处理为可靠的信道。因此，本层要提供一定的差错检验和纠正机制，而这些功能都是以成帧为前提的。发送方将若干比特的数据组成一组，加上"开始""结束"标志和检错代码等，形成有固定格式的数据帧。接收者收到该数据帧后检查帧尾部的帧检验序列（Frame Check Sequence，FCS），判断传输过程是否有错误发生（差错检测）。若有错误发生便会放弃此帧，重传该数据帧（有些数据链路层协议有实现差错恢复功能，有些没有）。

流量控制也是数据链路层的重要功能，防止高速发送方的数据把低速接收方"淹没"。流量控制通过限制发送者的发送速度，或者对发送者的发送数据进行缓存，当接收者有能力的时候再接收。

3. 网络层

网络层是以数据链路层提供的无差错传输为基础，为实现源数据通信设备和目标数据通信设备之间的通信而建立、维持和终止网络连接，并通过网络连接交换网络服务数据单元。它主要解决数据传输单元分组在通信子网中的路由选择、拥塞控制问题，以及多个网络互联的问题。

网络层通过路由选择算法为分组通过通信子网选择最适当的路径，为数据在节点之间传输创建逻辑链路，实现拥塞控制、网络互联等功能。它能够提供数据报服务和虚电路服务。数据报服务不需要建立连接、采用全网地址、要求路由选择，数据报不能按序到达目标，对故障的适应性强；虚电路服务要求先建立连接、采用全网地址、路由选择、按序到达，可靠性较高，适用于交互式作用。

4. 传输层

传输层是资源子网与通信子网的界面与桥梁，它完成资源子网中两节点间的逻辑通信，实现通信子网中端到端的透明传输。传输层的任务是向用户提供可靠的、透明的端到端的数据传输，以及流量控制机制和差错控制机制；它屏蔽各类通信子网的差异，使上层不受通信子网技术变化的影响，即会话层、表示层、应用层的设计不必考虑底层硬件细节，因此它的

作用十分重要。

传输层是真正的从源到目标"端到端"的层。也就是说，源端机上的某程序，利用报文头和控制报文与目标机上的类似程序进行对话。在传输层以下的各层中，其协议是每台机器和它直接相邻的机器间的协议，而不是最终的源端机与目标机之间的协议，在它们中间可能还有多个路由器。

传输层要决定为会话层用户（最终对网络用户）提供什么样的服务，采用哪种服务是在建立连接时确定的。最流行的传输连接是一条无差错的、按发送顺序传输报文或字节的点到点的信道。但是，还有的传输服务是不能保证传输次序的独立报文传输和多目标报文广播。

传输层为用户提供可靠的端到端服务，处理数据包错误、数据包次序，以及其他一些关键传输问题，并且对高层屏蔽下层数据通信的细节，这是计算机通信体系结构中关键的一层。

5. 会话层

会话层的主要功能是在不同机器之间提供会话进程的通信，如建立、管理和拆除会话进程（会话是指为完成一项任务而进行的一系列相关信息交换）。会话层允许进行类似传输层的普通数据的传输，另外它还提供了许多增值服务。例如，物理层交互式对话管理，允许一路交互、两路交换和两路同时会话，类似于数据通信里的单工、半双工和全双工方式；管理用户登录远程分时系统；在两机器之间传输文件进行同步控制（解决失败后从哪里重新开始的问题），即在数据流中插入检查点，每次网络崩溃后，仅需要重传最后一个检查点后的数据。

6. 表示层

表示层的功能是处理通信进程之间交换数据的表示方法，包括语法转换、数据格式转换、加密与解密，加/减压缩。值得一提的是，表示层以下的各层只关心传输比特流的可靠性，而表示层关心的是所传输的信息的语法和语义。

表示层服务的一个典型例子是用一种大家都认可的标准方法对数据编码。大多数用户程序之间不是交换随机的比特流，而是诸如人名、日期、货币数量和发票之类的信息。这些对象用字符串、整型、浮点数的形式，以及由几种简单类型组成的数据结构来表示的。不同的机器由不同的代码来表示字符串（如 ASCII 和 Unicode）、整型（如二进制反码和二进制补码）等。为了让采用不同表示法的计算机之间能进行通信，交换中使用的数据结构可以用抽象的方式来定义，并且使用标准的编码方式。表示层管理这些抽象数据结构，并且在计算机内部表示法和网络的标准表示法之间进行转换。

7. 应用层

应用层是 OSI 参考模型的最高层，是直接面向用户的一层，是计算机网络与最终用户之间的界面，底层所有协议的最终目的都是为应用层提供可靠的传输手段。我们日常使用的电子邮件程序、文件传输、WWW 浏览器、多媒体传输都属于应用层的范畴。应用层常见的协议有远程登录协议（TELNET Protocol）、文件传输协议（File Transfer Protocol，FTP）、超文本传输协议（Hyper Text Transfer Protocol，HTTP）、域名服务（Domain Name Service，DNS）、简单邮件传输协议（Simple Mail Transfer Protocol，SMTP）等。从功能划分看，OSI 参考模型下面的 6 层协议解决了支持网络服务功能所需的通信和表示问题，而应用层则提供完成特定网络服务功能所需的各种应用协议。应用层负责管理应用程序之间的通信，它为用户的应用程序访问 OSI 环境提供手段，即作为用户使用 OSI 功能的唯一窗口。

应用层为应用程序提供了网络服务，它需要识别并保证通信对方的可用性，使协同工作的应用程序之间同步，并建立传输错误纠正与保证数据完整性的控制机制。

3.2.3 OSI 参考模型中的数据传输

OSI 环境中的数据传输过程，如图 3-4 所示。

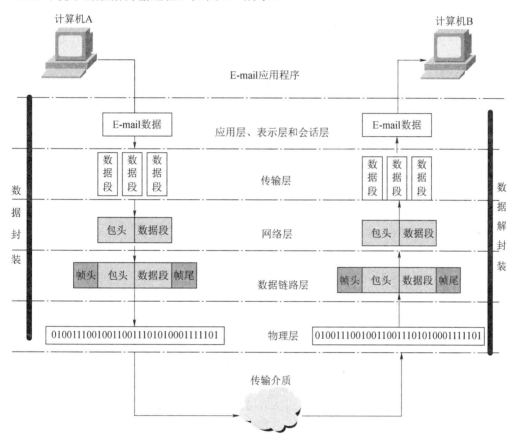

图 3-4　数据传输过程

从图 3-4 可知，数据传输的过程实际上就是封包解包的过程。发送进程有些数据要发送给接收进程，数据首先要经过本系统的应用层，应用层在数据前面加上自己的标志信息（头信息）AH，再把结果交给表示层。表示层并不知道也不应该知道应用层给它的数据哪一部分是真正的用户数据，而是把它们当成一个整体看待。表示层也在数据部分前面加上自己的头信息 PH，传送到会话层，并作为会话层的数据部分。这个过程一直进行到数据链路层，数据链路层除了增加 DH 以外，还要增加一个尾 DT，然后整个作为数据部分传送到物理层。

物理层不再增加头/尾信息，而是直接将二进制数据通过物理介质发送到目的节点的物理层。在目的节点里，当信息向上传递时，各种头信息被一层一层地剥去。最后原始用户数据到达接收进程。

整个过程中的最关键的概念是，虽然数据的实际传输方向是垂直的，但每一层在编程时却好像数据一直是水平传输的。例如，当发送方的传输层从会话层得到报文时，它加上一个传输层头信息，并把报文发送给接收方的传输层。从发送方传输层的观点来看，实际上它必须把报文传给本机内的网络层。

3.2.4 OSI 参考模型解决网络故障的思路

我们在利用 OSI 参考模型排除故障前，首先要考虑的是排除故障的流程，无论排除什么故障都要按部就班、理清思路。各层的功能描述见表 3-1。

表 3-1　OSI 参考模型各层的功能

层次名称	数据格式	功能与连接方式	典型设备
应用层		网络服务与使用者应用程序间的一个接口	
表示层		数据表示、数据安全、数据压缩	
会话层		建立、管理和终止会话	
传输层	数据组织成数据段	用一个寻址机制来标示一个特定的应用程序（端口号）	
网络层	分割和重新组合数据包	基于网络层地址（IP 地址）进行不同网络系统间的路径选择	路由器
数据链路层	将比特信息封装成数据帧	在物理层上建立、撤销、标示逻辑连接和链路复用，以及差错校验等功能。通过使用接收系统的硬件地址或物理地址来寻址	网桥、交换机
物理层	传输比特流	建立、维护和取消物理连接	网卡、中继器和集线器

排除故障的流程为定义问题、确定导致问题的原因、解决问题。

使用 OSI 参考模型来排除故障有 3 种基本的方法，即自上而下、自下而上、分而治之，这 3 种方法是沿着 OSI 参考模型层次的顺序来定义的，根据故障是属于哪一层的故障来找到解决问题的方法。自上而下是从应用层到物理层；自下而上正相反，从最底层开始；分而治之是从中间开始。下面依次分析导致各模型层次故障的原因。

1. 物理层的故障原因

（1）设备电源未打开。

（2）设备电源未接通。

（3）网络电缆松脱。

（4）电缆故障。

（5）电缆类型不正确。

2. 数据链路层的故障原因

（1）设备驱动程序错误。

（2）设备没有安装驱动程序。

（3）设备配置错误。

3. 网络层的故障原因

（1）1P 地址设置错误。

（2）子网掩码设置错误。

（3）网关设置错误。

（4）DNS 或动态主机配置协议（Dynamic Host Configuration Protocol，DHCP）设置错误。
网络层中常用的排除故障的命令包括 ipconfig 命令、ping 命令和 tracert 命令。

4. 传输层的故障原因

（1）防火墙设置错误。

（2）应用程序的 TCP 或 UDP（User Datagram Protocol，用户数据报协议）的端口关闭。

5. 会话层、表示层、应用层的故障原因

这 3 层主要涉及使用软件的故障问题，把应用软件设置正确，问题即可解决。

3.3　TCP/IP 参考模型

3.3.1　TCP/IP 体系结构

OSI 参考模型自推出之日起，就以网络体系结构蓝本的面目出现，而且在短短的时间内也确实起到了它应起的作用。但除了 OSI 参考模型外，市场上还流行着一些其他著名的体系结构。特别是早在 ARPANET 中就使用的 TCP/IP 体系，虽然当时不是国际标准，但由于它的简捷、高效，更由于 Internet 的流行使遵循 TCP/IP 协议的产品大量涌入市场，TCP/IP 协议目前已成为事实上的国际标准。

TCP/IP 体系结构中包含了一族网络协议（TCP/IP 协议族），它包括 ARP、IP、ICMP、IGMP、UDP、TCP 等多个协议的集合，TCP 和 IP 是其中最重要的两个协议。

3.3.2　TCP/IP 的层次

TCP/IP 协议与 OSI 参考模型有着较大的区别，它的体系结构可以用图 3-5 来描述。

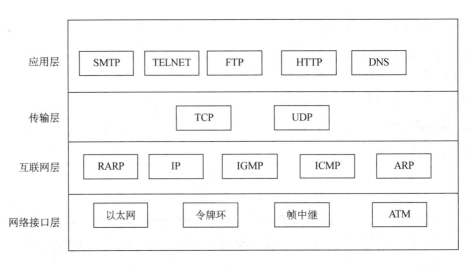

图 3-5　TCP/IP 体系结构

从图中可以看出 TCP/IP 结构由网络接口层、互联网层、传输层和应用层 4 个层次组成。

1. 网络接口层

网络接口层，在 TCP/IP 参考模型中并没有详细定义这一层的功能，只是指出通信主机必须采用某种协议连接到网络上并且能够传输网络数据分组。具体使用哪种协议，在本层里没有规定。实际上根据主机网络拓扑结构的不同，局域网基本上采用了 802 系列的协议，如 802.3 以太网协议、802.5 令牌环网协议；广域网较常采用的协议有帧中继（Frame Relay）、X.25 等。

2. 互联网层

互联网层的主要功能是使主机可以把分组发给任何网络并使分组独立地传向目标（可能经由不同的网络），互联网层与 OSI 参考模型的网络层相对应，相当于 OSI 参考模型中网络层的无连接网络服务。

互联网层是 TCP/IP 参考模型中最重要的一层，它是通信的枢纽，从底层来的数据报需要它来选择继续传给其他网络节点或是直接交给传输层，对从传输层来的数据报，要负责按照数据分组的格式填充报头，选择发送路径，并交由相应的线路发送出去。

在互联网层，主要定义了互联协议及数据分组的格式。其中 IP（Internet Protocol）为网际协议，ICMP（Internet Control Message Protocol）为因特网控制消息协议，ARP（Address Resolution Protocol）为地址解析协议，RARP（Reverse Address Resolution Protocol）为反向地址解析协议，IGMP（Internet Group Management Protocol）为 Internet 组管理协议。本层的主要功能是路由选择和拥塞控制。

3. 传输层

和 OSI 的传输层一样，它的主要功能是负责端到端的对等实体之间进行通信，也对高层屏蔽了底层网络的实现细节，同时它真正实现了源主机到目的主机的端到端的通信。

TCP/IP 的传输层定义了两个协议：TCP 和 UDP。TCP 协议是面向连接的可靠的传输协议；UDP 协议是无连接的、不可靠的传输协议。下面的章节将对 TCP 和 UDP 协议作详细介绍。总而言之，需要可靠数据传输保证的应用应选用 TCP 协议；相反，对数据精确度要求不是太高，而对速度、效率要求很高的环境如声音、视频的传输，应选用 UDP 协议。

4．应用层

应用层包括所有和应用程序协同工作，利用基础网络交换应用程序专用的数据协议，如 HTTP 协议、FTP 协议等。

3.3.3　OSI 与 TCP/IP 的比较

我们知道，OSI 参考模型是作为标准制定出来的，而 TCP/IP 则产生于互联网的研究和实践中。二者内部细节的差别是很大的。主要表现在以下几个方面。

（1）层的数量不同，OSI 参考模型有 7 层，而 TCP/IP 只有 4 层，如图 3-6 所示。

OSI参考模型
应用层
表示层
会话层
传输层
网络层
数据链路层
物理层

TCP/IP参考模型
应用层
传输层
互联网层
网络接口层

图 3-6　OSI 参考模型与 TCP/IP 参考模型

（2）OSI 参考模型的抽象能力强，适合于描述各种网络；TCP/IP 正好相反，它完全不通用，不适合用于描述其他非 TCP/IP 网络。

（3）OSI 参考模型的概念划分清晰，它详细地定义了服务、接口和协议的关系，优点是概念清晰，普遍适应性好；缺点是过于繁杂，实现起来很困难，效率低。TCP/IP 在服务、接口和协议的区别上不清楚，功能描述和实现细节混在一起，因此 TCP/IP 参考模型对采取新技术设计网络的指导意义不大，也就使它作为模型的意义逊色很多。

（4）TCP/IP 的网络接口层并不是真正的一层，在数据链路层和物理层的划分基本是空白的，而这两个层次的划分是十分必要的；OSI 参考模型的缺点是层次过多，事实证明会话层和表示层的划分意义不大，反而增加了复杂性。

（5）OSI 参考模型在网络层支持无连接和面向连接的通信，但在传输层仅有面向连接的通信，这是它所依赖的（因为传输服务用户是可见的）。然而 TCP/IP 模型在网络层仅有一种通信模式（无连接），但是在传输层支持两种模式，给了用户选择的机会。这种选择对简单的请求、应答协议是十分重要的。

总之，OSI 参考模型虽然一直被人们所看好，但由于没有把握好实际，实现起来很困难；

相反，TCP/IP 虽然有许多不尽人意的地方，但实践证明它还是比较成功的，特别是近年来国际互联网络的飞速发展，也使它获得了巨大的支持。

3.3.4 TCP 和 UDP

在 TCP/IP 协议族中有两个传输级协议：TCP 和 UDP。TCP 是面向连接的，而 UDP 是无连接的。

一般情况下，TCP 和 UDP 共存于一个互联网中，前者提供高可靠性服务，后者提供高效率服务。

1. TCP

TCP 是一个面向连接的传输层协议。这是一个完整的传输协议典范，它除了提供与 UDP 一样的进程通信能力外，其主要特点是可靠性很高，解决了大部分的可靠性问题。

1）TCP 可靠性的获得

TCP 是建立在不可靠性的 IP 协议之上，IP 不能提供任何可靠性机制，因此 TCP 的可靠性完全由自己实现。

（1）面向连接。面向连接是指在数据传输之前，必须在源端和目的端之间建立一个连接。如果由于种种原因，连接建立不成功，则源端就不会贸然向目的端发送数据。所以，面向连接是保证数据传输可靠性的重要前提。

（2）确认与超时重传。TCP 的基本传输单元称为段，段由字节流组成。接收端以字节为单位进行确认。一般情况下，接收端对已正确收到的最长的字节流进行确认，而不是对每个字节进行确认。超时重传则是设定一个时间片，如果某个字节在时间片内得不到确认，发送方就认为该字节出了故障，再次发送。

（3）拥塞控制。在互联网中，拥塞是由于网关数据报超载而引起的严重延迟现象，是子网能力不足的表现。一旦发生拥塞，网关将抛弃数据报，导致重传又会进一步加剧拥塞，最严重的时候可以导致整个互联网无法工作。因此只采用确认和超时重传是不够的，TCP 还必须提供适当的机制以解决拥塞问题。

2）TCP 段的格式

段是 TCP 传输数据的基本单位，分为标头和数据区两部分，具体格式如图 3-7 所示。

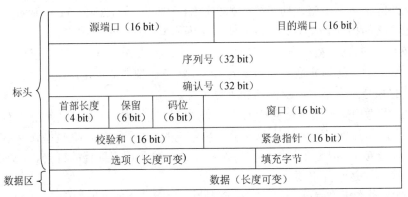

图 3-7　TCP 段格式

TCP 报文头部主要字段如下。

（1）每个 TCP 报文头部都包含源端口（Source Port）和目的端口（Destination Port），用于标示和区分源端设备和目的端设备的应用进程。在 TCP/IP 协议栈中，源端口和目的端口分别用于源 IP 地址和目的 IP 地址组成套接字，是唯一确定的一条 TCP 连接。

（2）序列号（Sequence Number）字段用来标示 TCP 源端设备向目的端设备发送的字节流，它表示在这个报文段中的第一个数据字节。如果将字节流看作在两个应用程序间的单向流动，则 TCP 用序列号对每个字节进行计数。

（3）确认号（Acknowledgement Number）包含发送确认的一端所期望接收到的下一个序号。因此，确认号应该是上次已成功收到的数据字节序列号加 1。

（4）窗口大小用字节数来表示，如 Windows size=1 024，表示一次可以发送 1 024 字节的数据。窗口大小起始于确认字段指明的值，是一个 16 bit 字段。窗口的大小可以由接收方调节。窗口实际上是一种流量控制的机制。

（5）校验和（checksum）字段用于校验 TCP 报头部分和数据部分的正确性。

2. UDP

UDP 提供了不面向连接通信，且不对传送数据包进行可靠的保证。适合于一次传输小量数据，可靠性则由应用层来负责。UDP 段格式如图 3-8 所示。

0	15	31
16 位源端口		16 位目端口
16 位 UDP 长度		16 位 UDP 校验和
数据		

图 3-8　UDP 段格式

UDP 建立在 IP 协议之上，同 IP 一样提供面向无连接的数据报传输，唯一增加的功能是提供协议端口，以保证进程通信。

UDP 是一个不可靠的传输层协议，在不可靠通信子网上，基于 UDP 的应用程序必须自己解决诸如报文丢失、报文重复、报文失序、流量控制等可靠性问题。

虽然 UDP 如此不可靠，但 TCP/IP 仍然采用它，原因就在于它的高效率。在实践中，UDP 往往是面向交易型应用，一次交易往往只有一来一回两次报文交换。如果为此建立连接，并撤销连接，这样开销太大。这时采用 UDP 就比较有效，即使因报文出错而重传一次，也比面向连接的数据传输开销小。

UDP 建立在 IP 之上，意味着整个 UDP 报文封装在 IP 数据报中传输，如图 3-9 所示。

图 3-9　UDP 报文封装

封装是指发送端 UDP 软件将 UDP 报文给 IP 软件后，IP 软件在前面加上一个 IP 报头，构成 IP 数据报，这一过程相当于将 UDP 报文装入 IP 数据报的数据区。

根据分层原则，接收端收到数据后，对它进行一个与封装相反的过程，以保证对应层收到完全相同的数据；接收端 IP 软件收到跟发送端 IP 层完全相同的数据报，进行相应处理后，去掉报头，将数据部分交给 UDP 软件。UDP 便获得一个与发送方 UDP 数据相同的报文。

3. TCP 与 UDP 的区别

TCP 和 UDP 同为传输层协议，但是从其协议报文便可发现两者之间的明显差别，因此它们为应用层提供两种截然不同的服务，见表 3-2。

表 3-2　TCP 和 UDP 的区别

提供的服务	TCP	UDP
是否面向连接	面向连接	无连接
是否提高可靠性	可靠传输	不提供可靠性
是否流量控制	流量控制	不提供流量控制
传输速度	慢	快
协议开销	大	小

TCP 是基于连接的协议，UDP 是面向非连接的协议。也就是说，TCP 在正式收发数据前，必须和对方建立可靠的连接。一个 TCP 连接必须要经过 3 次"对话"才能建立起来。UDP 是与 TCP 相对应的协议，它是面向非连接的协议，不与对方建立连接，直接就把数据包发送过去。

（1）从可靠性的角度来看，TCP 的可靠性优于 UDP。

（2）从传输速度来看，TCP 的传输速度比 UDP 的传输速度慢。

（3）从协议报文的角度看，TCP 的协议开销大，但具备流量控制的功能；UDP 的协议开销小，但不具备流量控制的功能。

（4）从应用场合看，TCP 适合传送大量数据，而 UDP 适合传送少量数据。

4. TCP 连接建立/三次握手

TCP 是面向连接的传输层协议，面向连接是指在真正的数据传输开始前要完成连接建立的过程，否则不会进入真正的数据传输阶段。

TCP 的连接建立过程通常被称为三次握手，如图 3-10 所示。

（1）请求端（Host A）发送一个 SYN（同步序列号）指明打算连接的服务器的端口，以及初始序列号（seq）。

（2）Host B 发回包含自己初始序列号的 SYN 报文段作为应答。同时，将确认序列号设置为 Host A 的初始序列号加 1，以对 Host A 的 SYN 报文段进行确认。一个 SYN 将占用一个序列号。

（3）Host A 必须将确认序列号设置为 Host B 的初始序列号加 1，以对服务器的 SYN 报文段进行确认。

例如，主机 A 向主机 B 发出连接请求数据包："我想给你发数据，可以吗？"，这是第一次对话；主机 B 向主机 A 发送同意连接和要求同步（同步就是两台主机一个在发送，一个在接收，协调工作）的数据包："可以，你什么时候发？"，这是第二次对话；主机 A 再发出一个数据包确认主机 B 的要求同步："我现在就发，你接着吧!"，这是第三次对话。三次"对话"的目的是使数据包的发送和接收同步，经过三次"对话"以后，主机 A 才向主机 B 正式发送数据。

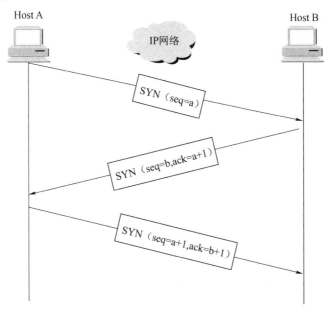

图 3-10　三次握手

5. TCP 终止连接/四次握手

TCP 终止连接/四次握手如图 3-11 所示。

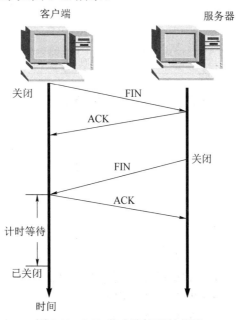

图 3-11　TCP 终止连接/四次握手

一个 TCP 连接是全双工（即数据在两个方向上能同时传递）的，因此每个方向必须单独进行关闭。当一方完成它的数据发送任务后就发送一个 FIN 来终止这个方向的连接。当一端收到一个 FIN，它必须通知应用层另一端已经终止了那个方向的数据传送。所以 TCP 终止连接的过程需要 4 个过程，称之为四次握手。

3.3.5 网络层协议 IP

网络层位于 TCP/IP 栈数据链路层和传输层中间，网络层接收传输层的数据报文，将其分段为合适的大小，用 IP 报文头部封装，交给数据链路层。网络层为了保证数据包的成功转发，主要定义了以下协议。

（1）IP：IP 和路由协议协同工作，寻找能够将数据包传送到目的端的最优路径。IP 不关心数据报文的内容，提供无连接的、不可靠的服务。

（2）ICMP：定义了网络层控制和传递消息的功能。

（3）ARP：把已知的 IP 地址解析为 MAC 地址。

（4）RARP：当数据链路层地址已知时，解析 IP 地址。

1．IP 数据报格式

普通的 IP 包头部长度为 20 字节，不包含选项字段。IP 数据包中包含的主要部分如图 3-12 所示。

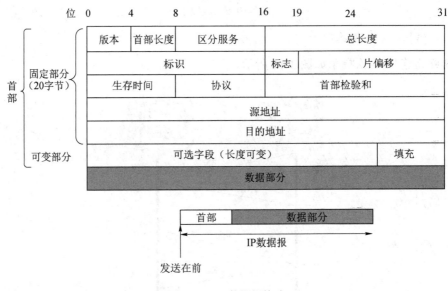

图 3-12　IP 数据报格式

IP 数据报格式的各字段含义如下。

（1）版本：占 4 位，指 IP 协议的版本。通信双方的 IP 协议必须一致，目前广泛使用的 IP 协议版本号为 4（IPv4），还有以后将要使用的 IPv6。

（2）首部长度：占 4 位，表示 IP 数据报首部所含 4 字节（是以 4 字节为单位的）的个数，最大值为 15，即首部长度最大为 60 字节。当首部长度不是 4 字节的整数倍时，必须利用最后的填充字段加以填充。最常用的首部长度是 20 字节，不带任何选项。

（3）区分服务：占 8 位，用来获得更好的服务。在旧标准中称之为服务类型，但实际上一直没有被使用过。只有在使用区分服务时，这个字段才起作用，一般情况下不使用。

（4）总长度：占 16 位，表示首部和数据部分的总长度，单位为字节。IP 数据报的最大长度为 $2^{16}-1=65\,535$ 字节。但在 IP 层下面的每一种数据链路层都有自己的帧格式，包括帧格式中的数据字段的最大长度，即最大传送单元 MTU。一般主机和路由器处理的 IP 数据报长度最小是 576 字节，最大不超过 1 500 字节，当超过 1 500 字节时就需要进行分片。注意：这里的总长度指的是分片后的每一个分片的首部长度与数据长度的总和。

（5）标识：占 16 位，分片时，此字段的值被复制到所有的数据报片的标识字段中，只有标识字段值相同的分片才能正确地重装成原来的数据报。其作用就是用来标识各数据报片。

（6）标志：占 3 位，目前只有最低位和中间位有意义。最低位记为 MF，MF=1，表示该数据报片后面"还有分片"的数据报；MF=0，则表示该数据报片已是最后一个分片。中间位记为 DF，意为"不能分片"，只有 DF=0 时才可以分片，也就是说分了片的数据报，其首部 DF 标志位都为 0。

（7）片偏移：占 13 位，指出较长的分组在分片后，某片在原分组的相对位置。也就是说，相对用户数据字段的起点，该片从何处开始。片偏移是以 8 字节为偏移单位，即每个分片的长度一定是 8 字节（64 位）的整数倍。

（8）生存时间：占 8 位，用 TTL 来表示，表明数据报在网络中的寿命。后来其功能改为"跳数限制"，由发出数据报的源点设置，发送每经过一个路由器，该字段的值就减 1，若 TTL 的值为 0，则丢弃该数据报。最大值为 255，若 TTL 设为 1，则表示这个数据报只在本局域网中传送。

（9）协议：占 8 位，指出此数据报携带的数据是使用何种协议，以便目的主机的 IP 层知道应将数据交给哪个处理过程。

常用协议字段值对应协议如表 3-3 所示。

表 3-3　常用协议的字段值

协议名	ICMP	IGMP	TCP	EGP	IGP	UDP	IPv6	OSPF	IPv4
协议字段值	1	2	6	8	9	17	41	89	4

（10）首部检验和：占 16 位，只校验数据报的首部，但不包括数据部分。每经过一个路由器都要重新计算首部检验和，这是因为首部一些字段，如生存时间、标志、片偏移等在发生改变。

计算方法：将 IP 数据报首部划分为许多 16 位（2 字节）的序列，把检验和字段置为零，再将所有 16 位字（序列）进行反码算术相加，结果再取反码，将此时的结果写入检验和字段。接收方收到数据报后，将首部 16 位字再使用反码算术运算相加，将结果取反码，如果是 0 则保留，否则丢弃。

（11）源地址：占 32 位。

（12）目的地址：占 32 位。

（13）可变部分：包括可选字段和填充字段，用来支持排错、测量及安全等措施。可选字段长度范围是 1～40 字节，可包含多个选项，最后用全 0 的填充字段补齐为 4 字节的整数倍。

2. ICMP

ICMP 是一种集差错报告与控制于一身的协议。在所有 TCP/IP 主机上都可实现 ICMP。ICMP 消息被封装在 IP 数据包里，ICMP 经常被认为是 IP 层的一个组成部分。它传递差错报文及其他需要注释的信息。ICMP 报文通常被 IP 层或更高层协议（TCP 或 UDP）使用。一些 ICMP 报文把差错报文返回给用户进程。

常用的"ping"使用的就是 ICMP。"ping"这个名称源于声呐定位操作，目的是测试另一台主机是否可达。该程序发送一份 ICMP 回应请求报文给主机，并等待返回 ICMP 回应应答。"ping"是测试网络连接状况及信息包发送和接收状况非常有用的工具，是网络测试最常用的命令，如图 3-13 所示。一般来说，如果不能 ping 到某台主机，那么通常可以用 ping 程序来确定问题出在哪里。ping 程序还能测出到这台主机的往返时间，以表明该主机离我们有"多远"。

ping 向目标主机(地址)发送一个回送请求数据包，要求目标主机收到请求后给予答复，从而判断网络的响应时间和本机是否与目标主机（地址）连通。如果执行 ping 不成功，则可以预测故障出现在以下几个方面。

（1）网线故障。

（2）网络适配器配置不正确。

（3）IP 地址不正确。

（4）如果执行 ping 成功而网络仍无法使用，那么问题很可能出在网络系统的软件配置方面，ping 成功只能保证本机与目标主机间存在一条连通的物理路径。

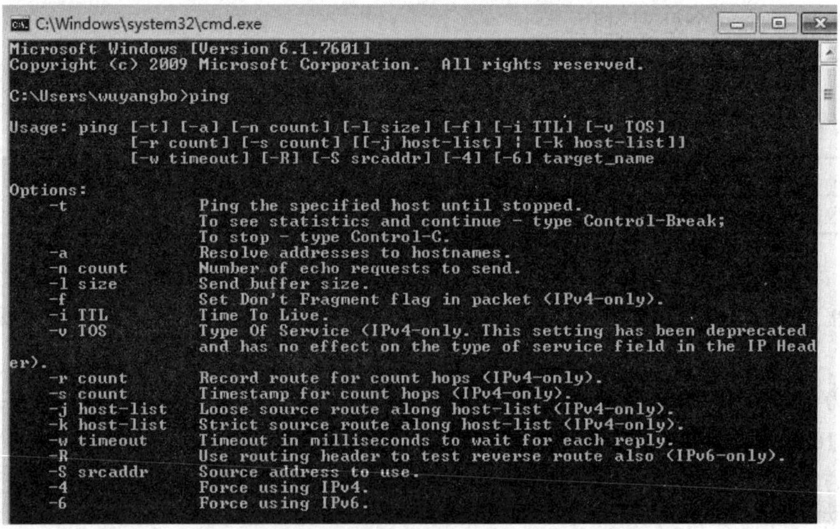

图 3-13　ping 命令的参数

命令格式：

```
ping IP 地址或主机名 [-t] [-a] [-n count] [-l size]
```

参数含义如下所示。

（1）-t：不停地向目标主机发送数据。

（2）-a：以 IP 地址格式来显示目标主机的网络地址。

（3）-n count：指定要 ping 多少次，具体次数由 count 来指定。

（4）-l size：指定发送到目标主机的数据包的大小。

例如，当计算机不能访问 Internet 时，首先要确认是否是本地局域网的故障。假定局域网的代理服务器 IP 地址为 202.168.0.1，则可以使用 "ping 202.168.0.1" 命令查看本机是否和代理服务器连通，如图 3-14 所示。

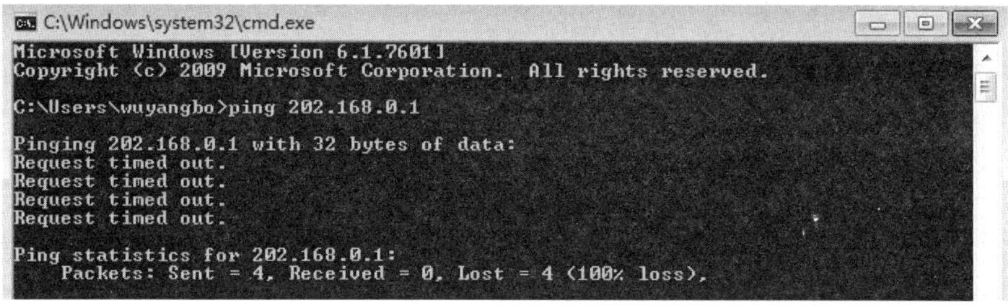

图 3-14　ping 命令测试

又如，测试本机的网卡是否正确安装的常用命令是 "ping 127.0.0.1"，如图 3-15 所示。

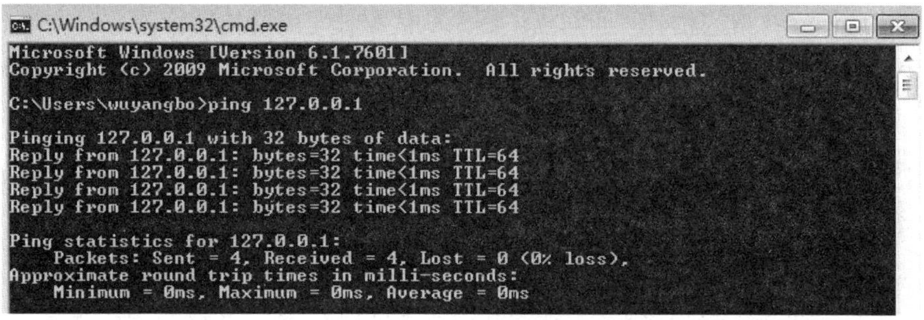

图 3-15　ping 命令测试网卡功能是否正常

tracert 命令用来显示数据包到达目标主机所经过的路径，并显示到达每个节点的时间，如图 3-16 所示。该命令用 IP 生存时间（TTL）字段和 ICMP 错误消息来确定从一个主机到网络上其他主机的路由，命令功能同 ping 类似，但它所获得的信息要比 ping 命令详细得多，它把数据包所走的全部路径、节点的 IP 及花费的时间都显示出来。该命令比较适用于大型网络。

tracert 的工作原理是通过向目标发送不同 TTL 值的 ICMP 回应数据包，tracert 诊断程序确定到目标所采取的路由。要求路径上的每个路由器在转发数据包之前至少将数据包上的 TTL 递减 1。数据包上的 TTL 减为 0 时，路由器应该将 "ICMP 已超时" 的消息发回源系统。

tracert 先发送 TTL 为 1 的回应数据包，并在随后的每次发送过程中将 TTL 递增 1，直到目标响应或 TTL 达到最大值，从而确定路由。通过检查中间路由器发回的"ICMP 已超时"的消息确定路由。某些路由器不经询问直接丢弃 TTL 过期的数据包，这在 tracert 实用程序中看不到。

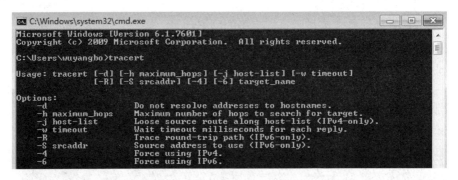

图 3-16　tracert 命令的参数

命令格式：

tracert IP 地址或主机名 [-d][-h maximum_hops][-j host-list] [-w timeout]

参数含义如下所示。

（1）-d：不解析目标主机的名称。

（2）-h maximum_hops：指定搜索到目标地址的最大跳跃数。

（3）-j host-list：按照主机列表中的地址释放源路由。

（4）-w timeout：指定超时时间间隔，程序默认的时间单位是毫秒。

例如，想要了解自己的计算机与目标主机 www.sina.com.cn 之间详细的传输路径信息，可以输入"tracert www.sina.com.cn"命令，如图 3-17 所示。

图 3-17　tracert 命令的使用

3. ARP 的工作机制

在以太网协议中规定，同一局域网中的一台主机要和另一台主机进行直接通信，必须要知道目标主机的 MAC 地址。而在 TCP/IP 协议栈中，网络层和传输层只关心目标主机的 IP 地址。这就导致在以太网中使用 IP 协议时，数据链路层的以太网协议接到上层 IP 协议提供的数据中，只包含目的主机的 IP 地址。于是需要一种方法，根据目的主机的 IP 地址，获得其 MAC 地址。这就是 ARP 协议要做的事情，如图 3-18 所示。地址解析（Address Resolution）是指主机在发送帧前将目标 IP 地址转换成目标 MAC 地址的过程。另外，当发送主机和目的主机不在同一个局域网中时，即便知道目的主机的 MAC 地址，两者也不能直接通信，必须经过路由转发才可以。所以此时，发送主机通过 ARP 协议获得的将不是目的主机的真实 MAC 地址，而是一台可以通往局域网外的路由器的某个端口的 MAC 地址。于是此后发送主机发往目的主机的所有帧，都将发往该路由器，通过它向外发送。这种情况称为 ARP 代理（ARP Proxy）。

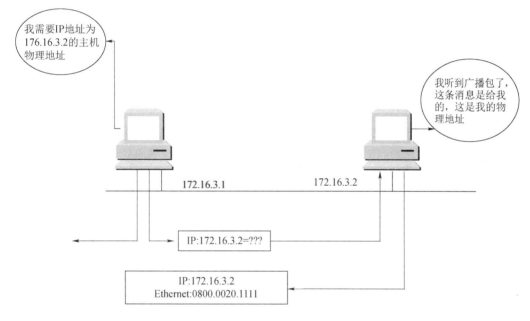

图 3-18　ARP 的工作过程

ARP 的工作过程如下。

（1）ARP 发送一份称为 ARP 请求的以太网数据帧给以太网上的每个主机，这个过程称为广播。ARP 请求数据帧中包含目的主机的 IP 地址，其含义是“如果你是这个 IP 地址的拥有者，请回答你的 MAC 地址”。

（2）连接到同一 LAN 的所有主机都接收并处理 ARP 广播，目的主机的 ARP 层收到这份广播报文后，根据目的 IP 地址判断出这是发送端在询问它的 MAC 地址，于是发送一个单播 ARP 应答。这个 ARP 应答包含 IP 地址及对应的 MAC 地址。收到 ARP 应答后，发送端就知道接收端的 MAC 地址了。

（3）ARP 高效运行的关键是每个主机上都有一个 ARP 高速缓存，这个高速缓存存放了

最近 IP 地址到硬件地址之间的映射记录。当主机查找某个 IP 地址与 MAC 地址的对应关系时，首先在本机的 ARP 缓存表中查找，只有在找不到时才进行 ARP 广播。

3.4 案例解析：OSI 各个层次的理解

很多同学都非常喜欢玩网络游戏。不知道同学们是否想要了解这些网络游戏在网上的一个工作原理，并了解游戏是如何在网上运作的。

在了解游戏之前，我们先来看看现实生活中的邮政系统，参照这个邮政系统能加快我们对网络游戏的理解。大家可以想象一下我们平时写信寄信的过程。首先，我们写好信并想要让这封信能寄出去，就得贴邮票。而邮票就是我们和邮政局的约定，我交给邮政局 0.8 元，则邮政局就要负责把信送到。而邮政局也和运输部门有个类似的约定。通过这一系列的约定，就可以保证信能送到目的地。但是这里注意一个问题：邮票作为约定不是一成不变的。例如，以前送信只需要几分钱，但现在可能需要几元钱。也就是说，协议或约定是按照当时的情况做出的适当处理。如果情况出现变化，协议一样可以随着情况而做出改变，这是因为，协议完全是人为约定的。

实际上，网络上数据的传输过程和现实中是非常相似的，我们可以来比拟一下：现在有一批水果，准备运到罗马。

（1）首先要有一条路，不管是马路还是铁路，这条路要能从出发点连接到目标点。

（2）要保证这条路是通畅的，不能是死胡同；而且要保证这条路能够通车，如果是用火车来运，则不能出现半路出轨的现象。

（3）路永远不会只有一条。条条道路通罗马，要保证所要走的道路能最快到达，且最省钱。

路已经有了，基本条件已经具备，现在可以开始送东西了，但不是有了路就万无一失了。那还需要有什么？

（4）路是有了，假如现在坐火车把东西送过去，则不能出现东西被强盗打劫或被人偷的现象，所以要保证在送过去的途中的安全性。

（5）好像一切都准备好了，现在准备出发了，但是等等，这条路只能通一辆火车，如果罗马那边正好也有一辆火车开过来，路上撞到了怎么办？所以要先和对方沟通好。

（6）沟通好了，现在出发，坐着火车到了罗马，决定亲自送到目的地，但是听不懂罗马人的话，而且罗马人也不知道我们在说什么。这个时候就非常有必要带一个翻译官，当然这并不是最好的选择，如果我们和罗马人说的是同样的语言就好了。不管怎么样，来接货的人总算能和我们沟通了，当然，这是人和人的沟通，不是人和货物的沟通。

（7）货物终于送到了，完成了。

以上是现实生活中的例子，下面来看同学们喜欢的网络游戏是如何运作的。

把这对应的 7 层，放到网络游戏中，就可以了解一个游戏运作的原理。首先，要有一个游戏，这个游戏外表上看起来非常有吸引力，这就是我们能接触的应用层，也就是我们平时所用的所有网络上的软件、游戏等。

在玩的过程中，我们想把数据发送到服务器，但是服务器不可能用眼睛看着我们玩游戏，因此我们要把游戏里的数据打包、包装好，用统一的格式发出去，这个称为"封包"。这就是第六层表示层。

在玩游戏的时候，有一个人从屏幕边上跑过来，我的游戏上为什么会显示？原因就是服务器把数据发给我，告诉我有一个人过来了。因此，不只是我发数据给服务器，同时服务器也把数据发给了我。在这个时候，就需要控制一下路线，决定是服务器，还是我先发，当然了，这个交换的情况是非常快的，而且新的技术可以实现同时发，但是还是要有一个能保证沟通的机制，保证不会出大的问题。这就是第五层会话层。

当网络上延迟得厉害且游戏卡住时，就需要有第四层传输层，要保证数据的正确性和完整性，如果有问题，可以随时纠正或重新发送。把上面3层传下来的数据，交到下一层网络层去传送。

上面的4层是网络的前4层，下面来看看其他3层，也就是基础的部分。

游戏中有南方的玩家，也有北方的玩家，一般情况下南方都是电信的路线，北方都是网通，不管是什么路线，总能让封包到服务器。这就是我们的网络层。如果想要知道走哪条路能到达目的地，那就是路由的作用。

把数据发出去了，但是怎么知道数据是否到达服务器，或者说在玩游戏的时候，如果出现卡住的状态，游戏或服务器怎么知道卡住了？大家都有QQ，现在一般不会出现连接超时的现象，但是在网络不太好的时间里，就会出现超时。实际上，在这里有一个计时器，如果发一个数据包出去，30 s内没有返回，它就告诉你，超时了。这就是数据链路层，控制着数据的发送和接收。

所有的这些，都是协议，有同学可能会说，这个网卡或猫明明是硬件，怎么会是协议，是硬件没错，但是硬件设计的规格是根据协议来设计的，也许以后协议变了，硬件就不是这样设计了。

这7个层次，称之为OSI模型。当然了，这个模型很理想，实际上在这个网络运作的过程中起作用的是一些协议体系，如IP协议。IP协议负责的是网络层中的IP地址的分配和路由。而TCP协议，主要是作用于传输层中，控制数据的传输，把一个游戏或一个软件的不相同的东西，转换为可以在网络上传输的共同的内容。

思考与练习

一、选择题

1. 下列的（   ）是属于网络层的协议。
   A．IP   B．TCP   C．ICMP   D．ARP
2. 以下说法正确的是（   ）。
   A．hub 可以用来构建局域网

B．一般 hub 都具有路由功能

C．一台共享式以太网 hub 下的所有 PC 属于同一个冲突域

D．hub 通常也称集线器，一般可以作为地址翻译设备

3．交换机可以工作在 ISO/OSI 参考模型的（　　　）。

　　A．网络层　　　　　B．数据链路层　　　C．传输层　　　　　D．物理层

4．下列关于 ARP 说法正确的是（　　　）。

　　A．ARP 请求报文是单播

　　B．ARP 应答报文是单播

　　C．ARP 作用是获取主机的 MAC 地址

　　D．ARP 属于传输层协议

5．下列关于 TCP 说法正确的是（　　　）。

　　A．TCP 是面向无连接的

　　B．TCP 传输数据之前通过三次握手建立连接

　　C．TCP 传输数据完成后通过三次握手断开连接

　　D．TCP 有流量控制功能

二、简 答 题

1．ISO 在制定 OSI 参考模型时，对层次划分的主要原则是什么？

2．请描述在 OSI 参考模型中数据传输的基本过程。

3．TCP/IP 协议的主要特点是什么？

第 4 章　IPv4 编址方法

经过前面章节内容的学习，我们已经对计算机网络有了宏观上的认知。本章将在学习 TCP/IP 的基础上，深入讲述 IPv4 编址、子网掩码及子网划分等重要内容，这些知识的学习将是搭建稳定、可靠、健壮、完整网络的关键环节。

4.1　IPv4 地址概述

4.1.1　问题的提出

不管是学习网络还是上网，IP 地址都是出现频率非常高的词。Windows 操作系统中设置 IP 地址的界面如图 4-1 所示，图中出现了 IP 地址、子网掩码、默认网关和 DNS 服务器这几个需要设置的地方，只有正确设置，网络才能连通，那这些名词都是什么意思呢？学习 IP 地址的相关知识时还会遇到网络地址、广播地址、子网等概念，这些又是什么意思呢？

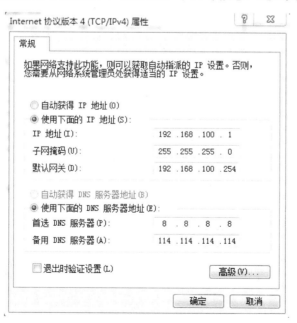

图 4-1　系统 TCP/IP 协议属性设置

要解答这些问题，先看一个日常生活中的例子。如图 4-2 所示，住在北大街的住户要能互相找到对方，必须各自都要有个门牌号，这个门牌号就是各家的地址，门牌号的表示方法：北大街+××号。例如，1 号住户要找 6 号住户，过程如下。1 号住户在大街上喊了一声："谁是 6 号，请回答。"，这时北大街的住户都听到了，但只有 6 号回答了。这个喊的过程称为"广播"，北大街的所有用户就是广播范围，如果北大街共有 20 个用户，那广播地址就是北大街21 号。也就是说，北大街的任何一个用户喊一声能让"广播地址-1"个用户听到。

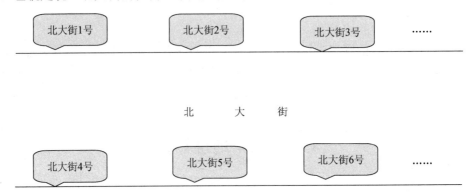

图 4-2　"广播"在现实生活中的抽象表示

从上面的例子中可以抽出下面几个词。

（1）街道地址：北大街，如果给该大街一个地址，则用第一个住户的地址-1，此例为北大街 0 号。

（2）住户的号：如 1 号、2 号等。

（3）住户的地址：街道地址+××号，如北大街 1 号、北大街 2 号等。

（4）广播地址：最后一个住户的地址+1，此例为北大街 21 号。

Internet 网络中，每个上网的计算机都有一个像上述例子的地址，这个地址就是 IP 地址，是分配给网络设备的门牌号，为了网络中的计算机能够互相访问，一般设置 IP 地址=网络地址+主机地址，图 4-1 中的 IP 地址是 192.168.100.1，这个地址中包含了很多含义。

（1）网络地址（相当于街道地址）：192.168.100.0。

（2）主机地址（相当于各户的门号）：0.0.0.1。

（3）IP 地址（相当于住户地址）：网络地址+主机地址=192.168.100.1。

（4）广播地址：192.168.100.255。

这些地址是如何计算出来的呢？为什么计算这些地址呢？要知道学习网络的目的就是让网络中的计算机相互通信，也就是说要围绕着"通"这个字来学习和理解网络中的概念，而不是只为背几个名词。

注意：192.168.100.1 是私有地址，不能直接在 Internet 网络中应用，若要在 Internet 网络中应用，则要转为公有地址。

4.1.2　IP 地址的介绍

1. IP 地址的表示方法

IP 地址的表示方法如下：

IP 地址=网络号+主机号

如果把整个 Internet 作为一个单一的网络，IP 地址就是给每个连在 Internet 的主机分配一个全世界范围内唯一的标识符，Internet 管理委员会定义了 A、B、C、D、E 五类地址，在每类地址中，还规定了网络号和主机号，如图 4-3 所示。在 TCP/IP 协议中，IP 地址是以二进制数字形式出现的，共 32 bit，1 bit 就是二进制中的 1 位，但这种形式非常不适用于人阅读和记忆。因此 Internet 管理委员会决定采用一种"点分十进制表示法"来表示 IP 地址，即由 4 段构成的 32 bit 的 IP 地址被直观地表示为 4 个以圆点隔开的十进制整数，其中，每一个整数对应一个字节（8 个 bit 为一字节，称为一段）。A、B、C 类最常用，下面重点介绍这 3 类地址（本章介绍的都是版本 4 的 IP 地址，称为 IPv4）。

	1	2	3	4	5	6	7	8	9	10	11	12	13	14	15	16	17	18	19	20	21	22	23	24	25	26	27	28	29	30	31
A 类	0		网络号										主机号																		
B 类	1	0			网络号													主机号													
C 类	1	1	0			网络号																			主机号						
D 类	1	1	1	0			组播地址																								
E 类	1	1	1	1			保留地址																								

图 4-3　IP 地址的分类

（1）A 类地址：A 类地址的网络标志由第一组 8 位二进制数表示，A 类地址的特点是网络标志的第一位二进制数取值必须为"0"。不难算出，A 类地址的第一个地址是 00000001，最后一个地址是 01111111，换算成十进制就是 127，其中 127 作为保留地址。则 A 类地址的第一段范围是 1～126，A 类地址允许有 $2^7-2=126$ 个网段（减 2 是因为 0 不用，127 作为它用），网络中的主机标志占 3 组 8 位二进制数，每个网络允许有 $2^{24}-2=16\,777\,214$ 台主机（减 2 是因为全 0 地址为网络地址，全 1 地址为广播地址，这两个地址一般不分配给主机）。通常将 A 类地址分配给拥有大量主机的网络。

（2）B 类地址：B 类地址的网络标志由前两组 8 位二进制数表示，网络中的主机标志占两组 8 位二进制数，B 类地址的特点是网络标志的前 2 位二进制数取值必须为"10"。B 类地址的第一个地址是 10000000，最后一个地址是 10111111，换算成十进制的 B 类地址第一段范围是 128～191。B 类地址允许有 $2^{14}-2=16\,382$ 个网段，网络中的主机标志占两组 8 位二进制数，每个网络允许有 $2^{16}-2=65\,534$ 台主机，适用于节点比较多的网络。

（3）C 类地址：C 类地址的网络标志由前 3 组 8 位二进制数表示，网络中的主机标志占 1 组 8 位二进制数，C 类地址的特点是网络标志的前 3 位二进制数取值必须为"110"。C 类地址的第一个地址是 11000000，最后一个地址是 11011111，换算成十进制的 C 类地址第一段范围是 192～223。C 类地址允许有 $2^{21}-2=2\,097\,150$ 个网段，网络中的主机标志占 1 组 8

位二进制数，每个网络允许有 $2^8-2=254$ 台主机，适用于节点比较少的网络。

有些人对范围是 2^x-2 不太理解，举个简单的例子加以说明。如 C 类网，每个网络允许有 $2^8-2=254$ 台主机是这样来的。因为 C 类网的主机位是 8 位，变化如下：

00000000

00000001

00000010

00000011

……

11111110

11111111

除去 00000000 和 11111111 不用外，从 00000001 到 11111110 共有 254 个变化，也就是 2^8-2 个。

2. 几个特殊的 IP 地址

1）私有地址

上面提到 IP 地址在全世界范围内唯一，可能你有这样的疑问，像 192.168.0.1 这样的地址在许多地方都能看到，并不唯一，这是为何？Internet 管理委员会规定如下地址段为私有地址，私有地址可以自己组网时用，但不能在 Internet 上用，Internet 没有这些地址的路由，有这些地址的计算机要上网必须转换为合法的 IP 地址，也称为公网地址。下面是 A、B、C 类网络中的私有地址段，在自己组网时就可以用这些地址。

（1）A 类地址段保留地址：10.0.0.0～10.255.255.255。

（2）B 类地址段保留地址：172.16.0.0～172.131.255.255。

（3）C 类地址段保留地址：192.168.0.0～192.168.255.255。

2）回送地址

A 类网络地址 127 是一个保留地址，用于网络软件测试及本地机进程间通信，也称为回送地址（Loopback Address）。无论什么程序，一旦使用回送地址发送数据，协议软件立即返回，不进行任何网络传输。含网络号 127 的分组不能出现在任何网络上。

3）广播地址

TCP/IP 协议规定，主机号全为"1"的网络地址用于广播之用，称为广播地址。广播是指同时向同一子网所有主机发送报文。

4）网络地址

TCP/IP 协议规定，全为"0"的网络号被解释成"本"网络。由上可以看出：①含网络号 127 的分组不能出现在任何网络上；②主机和网关不能为该地址广播任何寻径信息。由以上规定可以看出，主机号全为"0"或全"1"的地址在 TCP/IP 协议中有特殊含义，一般不用作一台主机的有效地址。

4.1.3 子网掩码

从上面的例子可以看出，子网掩码的作用就是和 IP 地址与运算后得出网络地址，子网掩码也是 32 bit，并且是一串 1 后跟随一串 0 组成，其中"1"表示在 IP 地址中的网络号对应的位数，而"0"表示在 IP 地址中主机对应的位数。

1）标准的子网掩码

A 类网络（1～126）的默认子网掩码为 255.0.0.0，255.0.0.0 换算成二进制为 11111111.00000000.00000000.00000000。

可以清楚地看出前 8 位是网络地址，后 24 位是主机地址，也就是说，如果用的是标准子网掩码，从第一段地址即可看出是不是同一网络的。例如，21.0.0.1 和 21.240.230.1，第一段都为"21"，属于 A 类网络，如果用的是默认的子网掩码，那这两个地址就是一个网段的。

B 类网络（128～191）的默认子网掩码为 255.255.0.0。

C 类网络（192～223）的默认子网掩码为 255.255.255.0。

B 类、C 类网络的具体分析同 A 类网络，在此不再赘述。

2）特殊的子网掩码

标准子网掩码出现的都是 255 和 0 的组合，在实际的应用中还有如下的子网掩码255.128.0.0、255.192.0.0、…、255.255.192.0、255.255.240.0、255.255.255.248、255.255.255.252。

而这些子网掩码的出现是为了把一个网络划分成多个网络。

4.1.4　计算网络地址

如图 4-4 所示是用网线（交叉线）直接将两台计算机连接起来。下面是几种 IP 地址的设置，看看在不同设置下网络是否可连通。

（1）设置 1 号机的 IP 地址为 192.168.0.1、子网掩码为 255.255.255.0，2 号机的 IP 地址为 192.168.0.200、子网掩码为 255.255.255.0，这样它们就能正常通信。

（2）如果 1 号机地址不变，将 2 号机的 IP 地址改为 192.168.1.200，子网掩码还是为255.255.255.0，那这两台计算机就无法通信。

（3）设置 1 号机的 IP 地址为 192.168.0.1、子网掩码为 255.255.255.192，2 号机的 IP 地址为 192.168.0.200、子网掩码为 255.255.255.192，注意和第一种情况的区别在于子网掩码，第一种情况的子网掩码为 255.255.255.0，计算出来的网络地址为 192.168.0.0，本例是255.255.255.192，计算出来的网络地址为 192.168.0.192，它们的网络地址不一样，所以这两台计算机就不能正常通信。

1号机　　　　　　　　　　　　　　　　　　2号机

图 4-4　两台计算机相连示意图

第一种情况能正常通信是因为这两台计算机处于同一网络 192.168.0.0，所以能通，而第二种和第三种情况下的两台计算机处于不同的网络，所以不能正常通信。

结论：用网线直接连接或通过集线器或普通交换机间连接的计算机之间要能够相互通信，则计算机必须要在同一网络，也就是说它们的网络地址必须相同，且主机地址必须不一样。如果不在一个网络就无法通信。这就像我们上面举的例子，同是北大街的住户由于街道名称都是北大街，且各自的门牌号不同，所以能够相互找到对方。

计算网络地址就是判断网络中的计算机是否在同一网络，如果在同一网络，就能通信；否则就不能通信。注意：这里说的是否在同一网络指的是 IP 地址而不是物理连接。那么如何计算呢？

我们日常生活中的地址，如北大街 1 号，从字面上就能看出街道地址是北大街，而我们从 IP 地址中却很难看出网络地址，要计算网络地址，必须借助我们上边提到的子网掩码。

计算过程如下：将 IP 地址和子网掩码都换算成二进制，然后进行与运算，结果就是网络地址。与运算如图 4-5 所示，上下对齐，1 与 1=1，其余的组合都为 0。

```
        1  0  1  0
        1  1  0  0
与运算
结果为   1  0  0  0
```

图 4-5　与运算法则

例如，计算 IP 地址为 202.99.160.50、子网掩码为 255.255.255.0 的网络地址。

（1）将 IP 地址和子网掩码分别换算成二进制。202.99.160.50 换算成二进制为 11001010.01100011.10100000.00110010；255.255.255.0 换算成二进制为 11111111.11111111.11111111.00000000。

（2）将二者进行与运算，如下所示。

```
        11001010.01100011.10100000.00110010
        11111111.11111111.11111111.00000000
与运算
_____
        11001010.01100011.10100000.00000000
```

（3）将运算结果换算成十进制，即为网络地址。11001010.01100011.10100000.00000000 换算成十进制是 202.99.160.0。

现在我们就可以解答上面 3 种情况是否能正常通信的问题了。

（1）从下面的运算结果可看出两计算机的网络地址都为 192.168.0.0，且 IP 地址不同，所以可以正常通信。

```
        192.168.0.1      11000000.10101000.00000000.00000001
        255.255.255.0    11111111.11111111.11111111.00000000
与运算
_____
结果：  192.168.0.0      11000000.10101000.00000000.00000000


        192.168.0.200    11000000.10101000.00000000.11001000
        255.255.255.0    11111111.11111111.11111111.00000000
与运算
_____
结果：  192.168.0.0      11000000.10101000.00000000.00000000
```

（2）从下面的运算结果可以看出 1 号机的网络地址为 192.168.0.0，2 号机的网络地址为 192.168.1.0，不在一个网络，所以不能正常通信。

192.168.1.200	11000000.10101000.00000001.11001000
255.255.255.0	11111111.11111111.11111111.00000000

与运算

结果：	192.168.1.0	11000000.10101000.00000001.00000000

（3）从下面的运算结果可以看出 1 号机的网络地址为 192.168.0.0，2 号机的网络地址为 192.168.0.192，不在一个网络，所以不能正常通信。

192.168.0.1	11000000.10101000.00000000.00000001
255.255.255.192	11111111.11111111.11111111.11000000

与运算

结果：	192.168.0.0	11000000.10101000.00000000.00000000

192.168.0.200	11000000.10101000.00000000.11001000
255.255.255.192	11111111.11111111.11111111.11000000

与运算

结果：	192.168.0.192	11000000.10101000.00000000.11000000

4.2　网络地址、广播地址的计算方法

知道 IP 地址和子网掩码后可以计算出网络地址、广播地址、地址范围，以及本网有几台主机。

【例 4-1】某网络的 IP 地址为 192.168.100.5，子网掩码为 255.255.255.0。试计算网络地址、广播地址、地址范围、主机数。

1. 分步骤计算

（1）将 IP 地址和子网掩码换算为二进制，子网掩码连续全 1 的是网络地址，后面的是主机地址。如下所示，虚线前为网络地址，虚线后为主机地址。

192.168.100.5	11000000.10101000.01100100.00000101
255.255.255.0	11111111.11111111.11111111.00000000

（2）IP 地址和子网掩码进行与运算，结果是网络地址。

192.168.100.5	11000000.10101000.01100100.00000101
255.255.255.0	11111111.11111111.11111111.00000000

与运算

结果：	192.168.100.0	11000000.10101000.01100100.00000000

（3）将上面网络地址中的网络地址部分不变，主机地址变为全 1，结果就是广播地址。

网络地址：　　192.168.100.0　　　　11000000.10101000.01100100.00000000

将主机地址变为全 1

广播地址：　　192.168.100.255　　　11000000.10101000.01100100.11111111

（4）地址范围就是包含在本网段内的所有主机。网络地址加 1 即为第一个主机地址，广播地址减 1 即为最后一个主机地址，由此可以看出地址范围是网络地址+1～广播地址-1。本例的网络范围是 192.168.100.1～192.168.100.254。

也就是说 192.168.100.1、192.168.100.2、192.168.100.254 等地址都是一个网段的。

（5）主机的数量=$2^{\text{二进制的主机位数}}$-2，减 2 是因为主机不包括网络地址和广播地址。本例二进制的主机位数是 8 位，则主机的数量=2^8-2=254。

2. 总体计算

我们把上边的例子合起来计算，则过程如下。

　　　　　　　　192.168.100.5　　　　11000000.10101000.01100100.00000101
　　　　　　　　255.255.255.0　　　　11111111.11111111.11111111.00000000

与运算

结果为网络地址：　　192.168.100.0　　　11000000.10101000.01100100.00000000

将结果中的网络地址部分不变，主机地址变为全 1

结果为广播地址：　　192.168.100.255　　11000000.10101000.01100100.11111111

主机的数量：2^8-2=254。

地址范围：网络地址（192.168.100.0）～广播地址（192.168.100.255）。

主机的地址范围：网络地址+1（192.168.100.1）～广播地址-1（192.168.100.254）。

【例 4-2】某网络 IP 地址为 128.36.199.3、子网掩码为 255.255.240.0。试计算网络地址、广播地址、地址范围、主机数。

（1）将 IP 地址和子网掩码换算为二进制，子网掩码连续全 1 的是网络地址，后面的是主机地址，虚线前为网络地址，虚线后为主机地址。

　　128.36.199.3　　　　　10000000.00100100.11000111.00000011
　　255.255.240.0　　　　11111111.11111111.11110000.00000000

（2）IP 地址和子网掩码进行与运算，结果是网络地址。

　　　　128.36.199.3　　　　10000000.00100100.11000111.00000011
　　　　255.255.240.0　　　11111111.11111111.11110000.00000000

　　与运算

结果：　128.36.192.0　　　10000000.00100100.11000000.00000000

（3）将运算结果中的网络地址不变，主机地址变为全 1，结果就是广播地址。

　　　　128.36.192.0　　　10000000.00100100.11000000.00000000

广播地址：128.36.207.255　　　10000000.00100100.11001111.11111111

（4）地址范围就是含在本网段内的所有主机。网络地址+1 即为第一个主机地址，广播地址-1 即为最后一个主机地址，由此可以看出地址范围是网络地址+1～广播地址-1。本例的网络范围是 128.36.192.1～128.36.207.254。

（5）主机的数量=$2^{\text{二进制位数的主机}}$-2，即主机的数量=2^{12}-2=4 094。减 2 是因为主机不包括网络地址和广播地址。

从上面两个例子可以看出不管子网掩码是标准的还是特殊的，计算网络地址、广播地址、地址数时只要把地址换算成二进制，然后从子网掩码处分清楚连续 1 以前的是网络地址，后面是主机地址，进行相应计算即可。

4.3 子 网 划 分

例 4-1 的网络中可容纳 254 台主机，如果想把一个网络分成两个以上的网络该如何分呢？IP 地址是由网络地址+主机地址组成的，增加网络部分的长度，减少主机地址的长度就能将一个网络划分成数个网络。具体的解决办法就是增加子网掩码中的连续 1，这样相应的主机地址就减少了。

例如：

192.168.0.0	11000000.10101000.00000000.00000000
255.255.255.0	11111111.11111111.11111111.00000000

子网掩码由 255.255.255.0 变为 255.255.255.192 后，网络位和主机位变化如下：

192.168.0.0	11000000.10101000.00000000.00000000
255.255.255.192	11111111.11111111.11111111.11000000

可看出当子网掩码从网络位 255.255.255.0 变为 255.255.255.192 时，网络位由 24 位变成 26 位，IP 地址前 24 位是规定的网络位数，是不能改变的，而从主机借来的 25、26 两位是可以改变的，如下所示：

11000000.10101000.00000000.00000000
11000000.10101000.00000000.01000000
11000000.10101000.00000000.10000000
11000000.10101000.00000000.11000000

IP 地址借来的两位有 4 种变化 00、01、10、11，也就是说将一个网络分成了 4 个网络。我们称分出来的网络为子网。

下面我们计算每个子网的网络地址、广播地址和地址范围。

子网 1：

192.168.0.0	11000000.10101000.00000000.00000000
255.255.255.192	11111111.11111111.11111111.11000000

与运算

网络地址：192.168.0.0   11000000.10101000.00000000.00000000
广播地址：192.168.0.63   11000000.10101000.00000000.00111111
地址范围：192.168.0.1～192.168.0.62。

子网 2：

192.168.0.64	11000000.10101000.00000000.01:000000
255.255.255.192	11111111.11111111.11111111.11:000000

与运算

网络地址：192.168.0.64   11000000.10101000.00000000.01:000000

广播地址：192.168.0.127   11000000.10101000.00000000.01:111111

地址范围：192.168.0.65～192.168.0.126。

子网 3：

192.168.0.128	11000000.10101000.00000000.10:000000
255.255.255.192	11111111.11111111.11111111.11:000000

与运算

网络地址：192.168.0.128   11000000.10101000.00000000.10:000000

广播地址：192.168.0.191   11000000.10101000.00000000.10:111111

地址范围：192.168.0.129～192.168.0.190。

子网 4：

192.168.0.192	11000000.10101000.00000000.11:000000
255.255.255.192	11111111.11111111.11111111.11:000000

与运算

网络地址：192.168.0.192   11000000.10101000.00000000.11:000000

广播地址：192.168.0.255   11000000.10101000.00000000.11:111111

地址范围：192.168.0.193～192.168.0.254。

从表 4-1 可以清楚地看出 4 个子网的相关数据，这里特别需要指出的是如果所在网络中不允许使用全 0 和全 1 的网络，那子网 1 和 4 因为分别是全 0 和全 1 组合，不能使用，该网络只能分为 2 和 3 两个子网。

表 4-1 各子网地址范围（1）

子网序号	网络地址	地址范围	广播地址	备注
1	192.168.0.0	192.168.0.1～192.168.0.62	192.168.0.63	全 0 组合一般不使用
2	192.168.0.64	192.168.0.65～192.168.0.126	192.168.0.127	
3	192.168.0.128	192.168.0.129～192.168.0.190	192.168.0.191	
4	192.168.0.192	192.168.0.193～192.168.0.254	192.168.0.255	全 1 组合一般不使用
注：每个子网中所含的主机数为 $2^6-2=62$。				

为加深印象，再举个例子：若电信运营商分配给某单位一个 B 类网络 130.20.0.0，子网掩码为 255.255.0.0，现在需要将其划分为 4 个子网，计算步骤如下。

（1）根据需要的子网数计算出需要从主机位借几位。$2^2-2=2$、$2^3-2=6$、$2^4-2=14$，即借两位分为两个子网，借 3 位分为 6 个子网，借 4 位分为 14 个子网。

（2）根据借的位数改变子网掩码。借 3 位后子网掩码由原来的 255.255.0.0（11111111.11111111.00000000.00000000）变为 255.255.224.0（11111111.11111111.11100000.

00000000）。

（3）计算每个子网的网络地址、广播地址和地址范围，下面只列出算式给出最后结果。计算方法过程同上。

$$
\begin{array}{l}
10000010.00010100.000 \mid 00000.00000000\\
10000010.00010100.001 \mid 00000.00000000\\
10000010.00010100.010 \mid 00000.00000000\\
10000010.00010100.011 \mid 00000.00000000\\
10000010.00010100.100 \mid 00000.00000000\\
10000010.00010100.101 \mid 00000.00000000\\
10000010.00010100.110 \mid 00000.00000000\\
10000010.00010100.111 \mid 00000.00000000
\end{array}
$$

变化的 IP 地址

改变后的子网掩码为 11111111.11111111.11100000.00000000。

本例子网的相关数据如表 4-2 所示。

表 4-2　各子网地址范围（2）

子网序号	网络地址	地址范围	广播地址	备注
1	130.20.0.0	130.20.0.1～130.20.31.254	130.20.31.255	全 0 组合一般不使用
2	130.20.32.0	130.20.32.1～130.20.63.254	130.20.63.255	
3	130.20.64.0	130.20.64.1～130.20.95.254	130.20.95.255	
4	130.20.96.0	130.20.96.1～130.20.127.254	130.20.127.255	
5	130.20.128.0	130.20.128.1～130.20.159.254	130.20.159.255	
6	130.20.160.0	130.20.160.1～130.20.191.254	130.20.191.255	
7	130.20.192.0	130.20.192.1～130.20.223.254	130.20.223.255	
8	130.20.224.0	130.20.224.1～130.20.255.254	130.20.255.255	全 1 组合一般不使用

注：每个子网中所含的主机数为 $2^{13}-2=8\,190$ 个。

4.4　无分类编址 CIDR

上面提到一般不使用全 0 和全 1 子网，为什么呢？

IP 地址为 192.168.0.0、子网掩码为 255.255.255.192 的网络可分成 4 个子网，第一个子网（192.168.0.1～192.168.0.62）和最后一个子网（192.168.0.193～192.168.0.254）通常也被保留，不能使用。原因是，第一个子网的网络地址 192.168.0.0 和最后一个子网的广播地址 192.168.0.255 具有二意性。例如，C 类地址的网络地址和广播地址，192.168.0.0 是它的网络地址，192.168.0.255 是它的广播地址。显然，它们分别与第一个子网的网络地址和最后一个子网的广播地址相重了。

那么怎样区分 192.168.0.0 到底是哪个网络的网络地址呢？答案是，把子网掩码加上去。

192.168.0.0　　255.255.255.0 中 192.168.0.0 是 C 类网络的网络地址。

192.168.0.0　　255.255.255.192 中 192.168.0.0 是第一个子网的网络地址。

192.168.0.255　　255.255.255.0 中 192.168.0.255 是 C 类网络的广播地址。

192.168.0.255　　255.255.255.192 中 192.168.0.255 是最后一个子网的广播地址。

带上掩码，它们的二意性就不存在了。所以，在严格按照 TCP/IP 协议给 IP 地址分类的环境下，为了避免二意性，全 0 和全 1 网段都不能使用。这种环境我们称为 Classful（有类路由）。在这种环境下，子网掩码只在所定义的路由器内有效，掩码信息到不了其他路由器，如 RIPv1（Routing Information Protocol，路由信息协议）版路由协议。它作为路由广播时根本不带掩码信息，收到路由广播的路由器因为无从知道这个网络的掩码，只好根据标准 TCP/IP 的定义赋予它一个掩码。例如，拿到 10.×.×.×，就认为它是 A 类，掩码是 255.0.0.0；拿到一个 204.×.×.×，就认为它是 C 类，掩码是 255.255.255.0。但在 Classless（无类路由）的环境下，掩码任何时候都和 IP 地址成对地出现，这样，前面谈到的二意性就不会存在。

例如，某企业需要 1 000 个 IP 地址，根据上面所学的知识，有两种分配方案，一是分配给该企业 1 个 B 类地址，但这样会造成 2^{16}-2-1 000=64 534 个地址浪费。二是分配给该企业 4 个 C 类地址，这样会造成每个路由器的路由表增加 4 个相应的项。

另外，上面说的子网划分的解决方案存在一个问题就是浪费地址，过多的子网会导致主机地址减少。在每个子网内，总是有两个地址用于网络地址和广播地址。如果子网过多，地址数量最多有可能会减少一半。例如，一个 C 类网络通常支持 254 个主机。然而，把 C 类网络分成 64 个子网，这样每个子网分给主机的地址只有两个，主机地址就会从 254 个减少到 128 个。在 IPv4 中这样的做法是不可取的。而解决的方法就是丢弃分类地址概念，采用 CIDR（Classless Interdomain Routing，无类别域际路由选择）。

CIDR 采用 13～27 位可变网络 ID，而不是 A、B、C 类网络所用的固定的 1 字节、2 字节和 3 字节。CIDR 消除了子网的概念，其 IP 地址=网络前缀+主机号。使用斜线记法，在 IP 地址后加上一个斜线"/"，然后写上网络前缀所占的位数，如 20.1.1.1、255.192.0.0 按 CIDR 记为 20.1.1.1/10，10 表示连续 10 个 1，也就是网络前缀占 10 位。再如，CIDR 地址 200.1.1.2/24 表示前 24 位用作网络前缀。

CIDR 最大的好处就是大大缩减了路由器的路由表大小，而且减少了地址浪费。CIDR 的基本思想是取消 IP 地址的分类结构，将多个地址块聚合在一起生成一个更大的网络，以包含更多的主机。CIDR 支持路由聚合，能够将路由表中的许多路由条目合并为更少的数目，因此可以限制路由器中路由表的增大，减少路由表项。CIDR 最主要的特点有以下两个。

（1）CIDR 消除了传统的 A 类、B 类和 C 类地址及划分子网的概念，因而可以更加有效地分配 IPv4 的地址空间，并且可以在新的 IPv6 使用之前容许 Internet 的规模继续增长。

（2）CIDR 将网络前缀都相同的连续的 IP 地址组成"CIDR 地址块"，地址是连续的。超网块即大块的连续地址就分配给电信运营商，然后电信运营商负责在用户当中划分这些地址，从而减轻了电信运营商自有路由器的负担。

我们回到上面的例子，电信运营商拥有地址块 200.0.64.0/18，某企业需要大约 1 000 个 IP 地址，2^{10}=1 024，所占的地址位是 10 位，电信运营商分给该企业的地址块可以是 200.0.68.0/22（网络位 22 位，主机位 10 位）。

假如该企业下分 4 个子公司，4 个子公司需要的 IP 地址是 A 公司 500 个、B 公司 250

个、C 公司 120 个、D 公司 120 个。问如何用 CIDR 分配这些地址。

要解答这个问题，先分析一个不同机构的地址块。

（1）电信运营商的地址块为 200.0.64.0/18。

第一个地址：　　200.0.64.0　　　11001000.00000000.01|000000.00000000

最后一个地址：200.0.127.255　　11001000.00000000.01|111111.11111111

计算得出该电信运营商共有地址总数为 $2^{14}=16\,384$ 个地址。共有 $2^6=64$ 个 C 类网（指数 6 表示第三段地址取 6 位）。

（2）企业需要大约 1 000 个 IP 地址，$2^{10}=1\,024$，所占的地址位是 10 位，网络位占 22 位，将电信运营商中的 200.0.64.0/22 分给企业可满足要求。假定企业已从电信运营商处获得 200.0.64.0/22。

第一个地址：　　200.0.64.0　　　11001000.00000000.010000|00.00000000

最后一个地址：200.0.67.255　　11001000.00000000.010000|11.11111111

（3）根据各单位计算出需要的主机和网络位数，如表 4-3 所示。

表 4-3　各单位主机数与网络位数

单位名称	需要地址/个	计算主机位数/位	主机位数/位	网络位数/位
A 公司	500	$2^9=512$	9	32-9=23
B 公司	250	$2^8=256$	8	32-8=24
C 公司	120	$2^7=128$	7	32-7=25
D 公司	120	$2^7=128$	7	32-7=25

（4）根据上表可以将 200.0.64.0/22 地址块再划分。

A 公司：200.0.64.0/23

第一个地址：　　200.0.64.0　　　11001000.00000000.0100000|0.00000000

最后一个地址：200.0.65.255　　11001000.00000000.0100000|1.11111111

B 公司：200.0.66.0/24

第一个地址：　　200.0.66.0　　　11001000.00000000.01000010|.00000000

最后一个地址：200.0.66.255　　11001000.00000000.01000010|.11111111

C 公司：200.0.67.0/25

第一个地址：　　200.0.67.0　　　11001000.00000000.01000011.0|0000000

最后一个地址：200.0.67.127　　11001000.00000000.01000011.0|1111111

D 公司：200.0.67.128/25

第一个地址：　　200.0.67.128　　11001000.00000000.01000011.1|0000000

最后一个地址：200.0.67.255　　11001000.00000000.01000011.1|1111111

从上面可以清楚看出地址聚合的概念，此例电信运营商拥有 64 个 C 类网络，如果不用 CIDR，那在与该电信运营商相连的每个路由器的路由表中都有 64 个路由项，而采用 CIDR 后，只需用路由聚合后的一个项目 200.0.64.0/18 就能找到该电信运营商，而 200.0.64.0/22 就能找到该企业。这样就大大减少了路由项。

思考与练习

一、选择题

1．国际上负责分配 IP 地址的专业组织划分了几个网段作为私有网段，可以供人们在私有网络上自由分配使用，以下不属于私有地址网段的是（　　）。

    A．10.0.0.0/8　　　　　　　　　　　B．172.16.0.0/12

    C．192.168.0.0/16　　　　　　　　　D．224.0.0.0/8

2．下面那个 IP 地址可能出现在公网（　　）。

    A．10.62.31.5　　　　　　　　　　　B．172.60.31.5

    C．172.16.10.1　　　　　　　　　　D．192.168.100.1

3．10.254.255.19/255.255.255.248 的广播地址是（　　）。

    A．10.254.255.23　　　　　　　　　B．10.254.255.255

    C．10.254.255.16　　　　　　　　　D．10.254.0.255

4．下列说法正确的是（　　）。

    A．主机位的二进制全为"0"的 IP 地址称为网络地址，网络地址用来标示一个网段

    B．主机位的二进制全为"1"的 IP 地址称为网段广播地址

    C．主机位的二进制全为"1"的 IP 地址称为主机地址

    D．网络部分为 127 的 IP 地址，如 127.0.0.1 往往用于环路测试

5．在一个 C 类地址的网段中要划出 15 个子网，（　　）子网掩码比较适合。

    A．255.255.255.240　　　　　　　　B．255.255.255.248

    C．255.255.255.0　　　　　　　　　D．255.255.255.128

二、计算题

1．若网络中 IP 地址为 131.55.223.75 的主机的子网掩码为 255.255.224.0；IP 地址为 131.55.213.73 的主机的子网掩码为 255.255.224.0，问这两台主机属于同一子网吗？

2．某主机 IP 地址为 172.16.2.160、掩码为 255.255.255.192，请计算此主机所在子网的网络地址和广播地址。

>>> 提升篇

第 5 章 局域网原理与组网技术

当今使用网络的人越来越多，网络的规模也越来越大，但大多还是直接使用局域网络，单位或企业也都组建本单位或本企业的局域网络。掌握局域网的基本概念和基本原理及某些扩展知识，对于学习计算机网络是十分重要的。本章主要介绍局域网的基本概念、CSMA/CD（Carrier Sense Multiple Access with Collision Det，带碰撞检测的载波侦听多址访问）介质访问控制技术、局域网体系结构及以太网等相关知识，同时介绍了虚拟局域网、高速局域网和无线局域网等当前一些网络新技术。

5.1 局域网的分类与体系结构

5.1.1 局域网的分类与特点

局域网是指在某一区域内（如一个学校、一个公司、一间办公室或一个家庭）由多台计算机或外设互连而成的计算机通信网，其范围一般限制在方圆几千米以内，如图 5-1 所示。

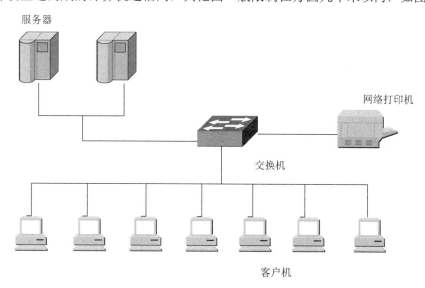

图 5-1 局域网

局域网可以实现文件管理、应用软件共享、打印机或扫描仪共享、电子邮件和传真通信

服务等功能。局域网从严格意义上说是封闭型的，它可以由办公室内的两台计算机组成，也可以由一个公司内的上千台计算机组成。

决定局域网的主要技术要素有网络拓扑、传输介质与介质访问控制方法。

根据以上局域网的定义，我们可以将局域网的特点简单归纳为以下几点。

（1）范围受限。局域网一般分布在一个较小的地理范围内，往往用于某一个群体，如一个单位或一个部门等。

（2）安全性高。局域网一般不对外提供服务，因而其保密性较好，且便于管理。

（3）带宽较高。现在大多数的局域网通常带宽为 100 Mb/s 或 1000 Mb/s，保证了局域网内较高的传输速度。

（4）成本较低。一般较小规模的局域网在硬件方面的投入较少，网络组建起来方便、灵活，而且容易扩展。

5.1.2 局域网的结构

局域网一般由网络硬件（包括网络服务器、网站工作站、网络打印机、网卡、交换机等设备，如图 5-2 所示）、网络传输介质及网络软件所组成。

图 5-2 局域网的硬件设备

(a) 网络服务器；(b) 网络工作站；(c) 网络打印机；(d) 网卡；(e) 交换机

5.1.3　局域网的拓扑结构

网络拓扑结构是指用网络传输介质连接各种网络设备和终端而构成局域网的物理布局。简单来说，就是用什么方式把网络中的计算机等设备连接起来。

局域网在网络拓扑结构上形成了自己的特点，常见的拓扑结构有总线型、环型和星型结构。

1. 总线型拓扑结构

总线型拓扑结构是局域网中主要的拓扑结构之一，它采用广播式多路访问的方法，典型代表是以太网中的 10 BASE 5 和 10 BASE 2 网络，总线型局域网的连接如图 5-3 所示。

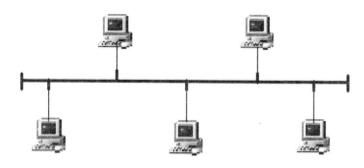

图 5-3　总线型拓扑结构

通过总线型拓扑结构构建的局域网具有如下优点。

（1）总线型网络所需要的连接电缆数量少。

（2）总线结构简单，又是无源工作，有较高的可靠性。

（3）网络易于扩充，在增加或减少用户时比较方便。

（4）网络的布线比较容易。

当然，总线型拓扑结构构建的局域网在实际工程应用中也存在以下不足。

（1）总线的传输距离有限，通信的范围受到限制。

（2）故障诊断和隔离较困难。

（3）分布式协议不能保证信息的及时传送，不具有实时功能。

（4）所有的数据都需要经过公用的信道传送，这又使总线成为整个网络的瓶颈。

（5）由于信道共享，连接的节点不宜过多，总线自身的故障可能导致系统的崩溃。

（6）所有的 PC 不得不共享线缆，如果某一个节点出错，将影响整个网络。

（7）所有节点无主从关系，可能同时会有多个节点发送数据，所以容易产生通信"冲突"。

2. 环型拓扑结构

环型拓扑结构如图 5-4 所示。这种结构有效地克服了总线型拓扑结构容易产生"冲突"的不足，数据在环型结构上是单向传输的。IBM 公司的 Token Ring 网络就是采用环型拓扑结构构建的。

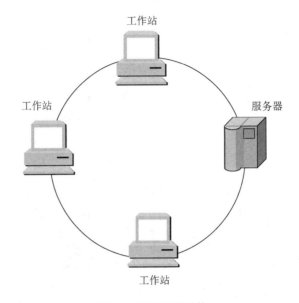

图 5-4　环型拓扑结构

环型局域网的特点如下。

（1）环型局域网是点对点连接的闭合的环形网络，结构对称性好。

（2）数据只能沿一个固定的方向（顺时针或逆时针）来传送。

（3）节点是按照其在环中的物理位置来依次传递信息的。

（4）环型拓扑通常作为网络的主干。

3．星型拓扑结构

星型拓扑结构如图 5-5 所示，它是目前局域网中使用最广泛的一种网络连接方式。其中的每一个节点都直接连在一个公共的节点上，该公共节点可以是交换机或集线器或转发器。

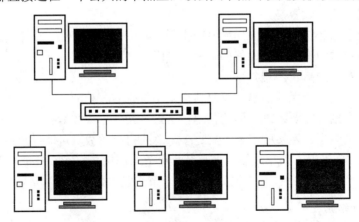

图 5-5　星型拓扑结构

采用星型拓扑结构构建的局域网，其典型代表是以太网中的 10 BASE T 网络。

1）星型拓扑结构的特点

（1）存在一个中央节点，网络中其他任意一个节点都与中央节点组成链路来双向传递信息，或中央节点以"广播"方式传递信息。

（2）中央节点可以是交换机或集线器，其他节点间的相互通信需要通过中央节点进行数据的交换和传输。

（3）由于星型结构的网络采用集中式控制，端用户之间的通信必须经过中央节点，所以星型拓扑构建的网络也被称为集中式网络。也正是因为这一特点，所以给网络带来了易于维护和安全等优点，端用户设备因为故障而停机时也不会影响其他端用户间的通信。

（4）星型拓扑结构构建的网络延迟时间较小，传输误差较低。

2）星型拓扑结构的不足

当然，星型拓扑结构构建的网络也有其不足之处，即中心系统必须具有极高的可靠性，因为中心系统一旦损坏，整个系统便趋于瘫痪。对此，中心系统通常采用双机热备份，以提高系统的可靠性。

3）星型拓扑结构中央节点的功能

在星型拓扑结构的网络中，任何两个节点要进行通信都必须经过中央节点的控制。因此，中央节点的主要功能有以下 3 项。

（1）当要求通信的站点发出通信请求后，控制器要检查中央转接站是否有空闲的通路，被叫设备是否空闲，从而决定是否能建立双方的物理连接。

（2）在两台设备通信过程中要维持这一通路。

（3）当通信完成或不成功要求拆线时，中央转接站应能拆除上述通道。

5.1.4 局域网的传输介质

网络传输介质是网络中发送方与接收方之间的物理通路，它对网络的数据通信具有一定的影响。常用的传输介质有双绞线、同轴电缆、光纤、无线传输媒介。

5.2 局域网的工作原理

下面将介绍几种典型的局域网，包括传统的共享式局域网、以太网和交换式局域网，通过对这几种局域网的介绍，让大家了解它们各自的特点，以便于在各种不同的场合应用。

5.2.1 共享式局域网原理

以太网是美国施乐（Xerox）公司于 1975 年研制成功的，它是一种基带总线局域网，当时的数据传输速率为 2.94 Mb/s。以太网用无源电缆作为总线来传送数据帧，并以曾经在历史上表示传播电磁波的以太（Ether）来命名。1980 年 9 月，DEC 公司、英特尔（Intel）公司和施乐公司联合提出了 10 Mb/s 以太网规约的第一个版本 DIX V1（DIX 是这 3 个公司名称的缩写）。1982 年又修改为第二版规约（实际上也就是最后的版本），即 DIX Ethernet V2，成为世界上第一个局域网产品的规约。

共享式局域网是传统的局域网，"共享"指这种网中各节点共用一个物理信道，其中一个节点发出信息，其他所有节点都可以收到，也称为"广播式"网络。它所采取的是 CSMA/CD 控制方法，在后面的小节中将会学习到此控制方法的工作原理。

5.2.2 以太网

在此基础上，IEEE 802 委员会工作组于 1983 年制定了第一个 IEEE 的以太网标准，其编号为 IEEE 802.3，数据传输速率为 10 Mb/s。IEEE 802.3 局域网对以太网标准中的帧格式作了很小的一点更动，但允许基于这两种标准的硬件实现可以在同一个局域网上互操作。以太网的两个标准 DIX Ethernet V2 与 IEEE 的 IEEE 802.3 标准只有很小的差别，因此很多人也常将 IEEE 802.3 局域网简称为"以太网"（严格说来，"以太网"应当是指符合 DIX Ethernet V2 标准的局域网）。

由于厂商们在商业上的激烈竞争，IEEE 的 802 委员会未能形成一个统一的、最佳的局域网标准，而是被迫制定了几个不同的局域网标准，如 IEEE 802.4 令牌总线网、IEEE 802.5 令牌环网等。

为了使数据链路层能更好地适应多种局域网标准，802 委员会将局域网的数据链路层拆成两个子层，即逻辑链路控制（Logical Link Control，LLC）子层和媒体接入控制（Medium Access Control，MAC）子层。与接入到传输媒体有关的内容都放在 MAC 子层，而 LLC 子层则与传输媒体无关，不管采用何种协议的局域网对 LLC 子层来说都是透明的，如图 5-6 所示。

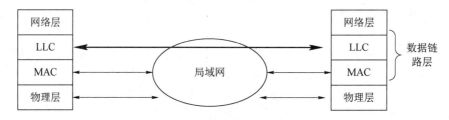

图 5-6　局域网对 LLC 子层是透明的

以太网的逻辑拓扑结构是总线型，这是根据其使用的介质访问控制方式而定义的；其物理拓扑结构一般为总线型、星型或树型。

以太网的介质访问控制方法是基于争用型的 CSMA/CD 协议，其 IEEE 802.3 标准规定在电缆中传输二进制信号时，采用曼彻斯特及差分曼彻斯特编码来提高性能。

以太网中常见网络的主要参数如表 5-1 所示。采用不同以太网组网时，所采用的传输介质及相应的组网技术、网络速度、允许的节点数目和介质缆段的最大长度等都各不相同。

需要说明的是，表 5-1 第一列中的 10、100 和 1 000 表示该种网络中信号在介质上的传输速率分别为 10 Mb/s、100 Mb/s 或 1 000 Mb/s；BASE 表示在介质上传输的信号为基带信号。BASE 后面的数字 5 或 2 表示每段电缆的最大长度为 500 m 或 200 m（实际上是 185 m）。"T"代表双绞线，"F"代表光纤。目前使用最广泛的是双绞线传输媒体。

表 5-1　以太网的标准和主要参数

以太网标准	传输介质	物理拓扑结构	区段最多工作站	最大区段长度/m	IEEE规范	标准接头	速度/(Mb·s⁻¹)
10 BASE 5	50 Ω粗同轴电缆	总线型	100	500	802.3	AUI	10
10 BASE 2	50 Ω粗同轴电缆	总线型	30	185	802.3a	BNC	10
10 BASE T	3 类双绞线	星型	1	100	802.3i	RJ-45	10
100 BASE TX	5 类双绞线（2 对）	星型	1	100	802.3u	RJ-45	100
100 BASE T4	3 类双绞线（4 对）	星型	1	100	802.3u	RJ-45	100
100 BASE FX	2 芯多模或单模光纤	星型	1	400~2 000	802.3u	MIC、ST、SC	100
1000 BASE SX	2 芯多模（光纤直径62.5 μm或 50 μm）光纤	星型	1	260 或 525	802.3z	MIC、ST、SC	1 000
1000 BASE T	5 类双绞线（4 对）	星型	1	100	802.3ab	RJ-45	1 000

表 5-1 中使用 10 BASE 5、10 BASE 2 和 10 BASE T 技术所组建的局域网，即为我们所说的传统共享介质局域网，其数据传输速率不超过 10 Mb/s。

（1）10 BASE 5：标准以太网，即粗缆以太网，基带传输。

（2）10 BASE 2：廉价的以太网，即细缆以太网，基带传输。

（3）10 BASE T：双绞线以太网，基带传输。

传统共享式以太网的主要设计特点如下。

（1）简易性：其结构简单，易于实现和修改。

（2）低成本：各种连接设备的成本不断下降。

（3）兼容性：各种类型的以太网可以很好地集成在一个局域网中。

（4）扩展性：所有按协议工作的节点，不会妨碍其他节点的扩展。

（5）均等性：各节点对介质的访问都基于 CSMA/CD 方式的争用规则，所以它们对网络的访问机会均等。

（6）系统的负荷（负载）特性：低负荷（轻负载）、响应快、性能好；高负荷(重负载)，网络中冲突增加，响应和性能急剧下降。

（7）单一性：任何时刻只能有一个节点使用信道传输数据。

正是基于上述设计特点，以太网才具有传输速率高、结构简单、组网灵活、便于扩充、易于实现和低成本等优点，从而成为当前应用最为广泛的局域网技术。

5.2.3　介质访问控制方法

介质访问控制方法，也就是信道访问控制方法，可以简单地把它理解为如何控制网络节点何时发送数据、如何传输数据及怎样在介质上接收数据。常用的介质访问控制方式有带冲突检测的载波监听多路访问介质控制（CSMA/CD）和令牌环（Token Ring）、令牌总线（Token Bus）等几种。

1. CSMA/CD

CSMA/CD 是一种争用型的介质访问控制协议。CSMA/CD 应用在 OSI 的第二层数据链路层。其工作原理是发送数据前先侦听信道是否空闲，若空闲，则立即发送数据。若信道忙碌，则等待一段时间至信道中的信息传输结束后再发送数据；若在上一段信息发送结束后，同时有两个或两个以上的节点都提出发送请求，则判定为冲突。若侦听到冲突，则立即停止发送数据，等待一段随机时间，再重新尝试。

其原理简单总结为先听后发，边发边听，冲突停发，随机延迟后重发。

CSMA/CD 控制方式的优点是原理比较简单，技术上易实现，网络中各工作站处于平等地位，不需集中控制，不提供优先级控制。但在网络负荷增大时，发送时间增长，发送效率急剧下降。

CSMA/CD 采用 IEEE 802.3 标准，它的主要目的是提供寻址和媒体存取的控制方式，使不同设备或网络上的节点可以在多点的网络上通信而不相互冲突。

在总线拓扑结构中，一个节点是以"广播"方式在介质上发送和传输数据的。当总线上的一个节点在发送数据时，首先侦听总线是否为空闲状态。若有信号传输，则为忙碌；若没有信号传输，则总线为空闲状态；此时，该节点即可发送。但是，也可能有多个节点同时侦听到空闲并同时发送的情况，那么也可能因此而发生"冲突"。所以节点在发送数据时，先将它发送的信号与总线上接收到的信号波形进行比较，如果一致则无冲突发生，发送正常结束；如果不一致说明总线上有冲突发生，则节点停止发送数据，随机延迟，等待一定时间后重发。

2. 令牌环

令牌环网是一种定义在 IEEE 802.5 标准中的 LAN 协议，其中所有的工作站都连接到一个环上，每个工作站只能同直接相邻的工作站传输数据。通过围绕环的令牌信息授予工作站传输权限。IEEE 802.5 标准中定义的令牌环源自 IBM 令牌环和 LAN 技术，两种方式都基于令牌传递（Token Passing）技术。虽有少许差别，但总体而言，两种方式是相互兼容的。

令牌环上传输的小的数据（帧）称为令牌，谁有令牌谁就有传输权限。如果环上的某个工作站收到令牌并且有信息发送，它就改变令牌中的一位（该操作将令牌变成一个帧开始序列），添加想传输的信息，然后将整个信息发往环中的下一工作站。当这个信息帧在环上传输时，网络中没有令牌，这就意味着其他工作站想传输数据就必须等待。因此令牌环网络中不会发生传输冲突。

信息帧沿着环传输直到到达目的地，目的地创建一个副本以便进一步处理。信息帧继续沿着环传输直到到达发送站，便可以被删除。发送站可以通过检验返回帧以查看帧是否被接收站收到并且复制。

与以太网 CSMA/CD 网络不同，令牌传递网络具有确定性，这意味着任意终端站能够在传输之前计算出最大等待时间。该特征结合另外一些可靠性特征，使令牌环网络适用于需要能够预测延迟的应用程序及需要可靠的网络操作的情况。

令牌环网是一种以环型网络拓扑结构为基础发展起来的局域网。虽然它在物理组成上也可以是星型结构连接，但在逻辑上仍然以环的方式进行工作。其通信传输介质可以是无屏蔽双绞线、屏蔽双绞线和光纤等。

3. 令牌总线

令牌总线是一个使用令牌通过接入到一个总线拓扑的局域网架构，它被 IEEE 802.4 工作组标准化。令牌总线方法比较复杂，需要完成大量的环维护工作，包括环初始化、新节点加入环、节点从环中撤出、环恢复和优先级服务。令牌总线网络的本质是把物理总线或树型拓扑上的各节点组成一个闭合的逻辑环，即在物理上采用总线和树型拓扑形式，而在逻辑上采用令牌环访问控制方式。这样令牌总线就兼有物理环无竞争、访问时间具有确定性和总线网节点间直接通信、响应速度快等优点。与 CSMA/CD 技术相比，令牌总线的一个显著优点是访问具有确定性，即任一站的发送等待时间上限是可知的；令牌总线系统信息易于调节，没有 CSMA/CD 的最小包长等限制；在重负荷下，令牌总线的信道效率比 CSMA/CD 高得多。总之，令牌总线是 CSMA/CD 总线与令牌环相互渗透的技术，它兼有这两种技术的优点，但它也存在以下技术问题。

（1）结构复杂。由于在物理总线或树型拓扑中引入逻辑环并采用令牌方式，势必给逻辑硬件和软件增加过多的开销。例如，节点进环和退环、逻辑环断开后的重新启动及重构等处理都是 CSMA/CD 总线和物理环系统所没有的。

（2）轻负荷时性能下降。与物理环一样，逻辑环中的令牌也是按顺序传送的，只不过是物理环中的传递顺序与站点的物理位置一致，而逻辑环的传递顺序是指逻辑顺序与物理位置无关。其共性问题是环上无信息发送的站会按顺序获得令牌，而真正有信息要发送的站又可能不能及时获取令牌，这样在轻负荷时，令牌可出现较多的空转现象而使信道效率降低。

5.2.4　交换式局域网

1. 共享介质局域网存在的问题

传统的局域网是建立在共享介质的基础上的，网中所有节点共享一条公共通信传输介质，这样可以保证每个节点能够公平地享用传输介质。但当局域网规模不断扩大、节点数不断增加时，每个节点平均能分到的带宽越来越少，网络通信负荷加重，冲突和重发现象大量发生，网络传输延迟增长，网络服务质量下降。

为了克服网络规模和网络性能之间的矛盾，提出了交换局域网技术。交换式局域网技术的核心设备是局域网交换机，如图 5-7 所示，它可以在端口建立多个并发连接，如图 5-8 所示。

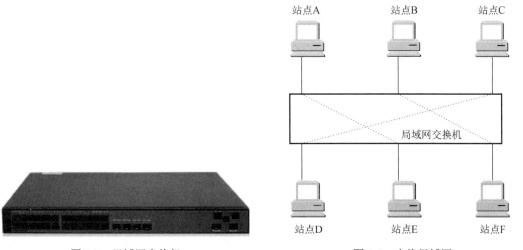

图 5-7　局域网交换机　　　　　　　图 5-8　交换局域网

2. 交换局域网的特点

交换式以太网是以数据链路层的帧为数据交换单位，以以太网交换机为基础构成的网络。它从根本上解决了共享以太网所带来的问题，其特点如下。

（1）允许多站点同时通信，每个站点可以独占传输通道和带宽。

（2）灵活的接口速率。

（3）具有高度的网络可扩充性和延展性。

（4）易于管理、便于调整网络负荷的分布，可有效地利用网络带宽。

（5）交换以太网与以太网、快速以太网完全兼容，实现无缝连接。

（6）可互联不同标准的局域网。

3. 交换局域网的基本结构及工作原理

1）基本结构

典型的交换局域网是交换以太网（Switched Ethernet），它的核心部件是以太网交换机。以太网交换机可以有多个端口，每个端口可以单独与一个节点连接，也可以与一个共享介质的以太网集线器连接。

如果一个端口只连接一个节点，那么这个节点就可以独占整个带宽，这类端口通常被称为"专用端口"；如果一个端口连接一个与端口带宽相同的以太网，那么这个端口将被以太网中的所有节点所共享，这类端口被称为"共享端口"。典型交换以太网结构如图 5-9 所示。

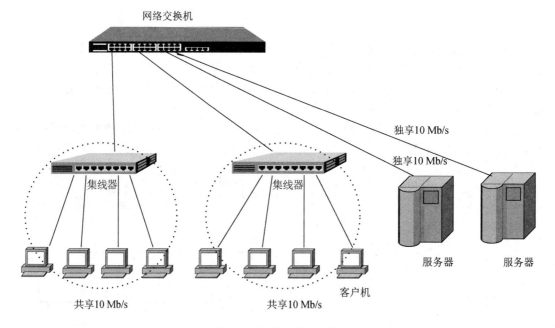

图 5-9　交换以太网结构

2）工作原理

交换局域网的工作原理如图 5-10 所示。交换机有 6 个端口，其中端口 1、4、5、6 分别连接了节点 A、节点 B、节点 C 和节点 D，交换机的"端口号与 MAC 地址映射表"就可以根据以上端口号与节点 MAC 地址的对应关系建立起来。如果节点 A 与节点 D 同时要发送数据，那么它们可以分别在以太网帧的目的地址字段（Address Field，DA）中添加该帧的目的地址。

例如，节点 A 要向节点 C 发送帧，则该帧的目的 DA=节点 C；节点 D 要向节点 B 发送帧，则该帧的目的 DA=节点 B。当节点 A、节点 D 同时通过交换机传送以太网帧时，交换机的交换控制中心根据"端口号与 MAC 地址映射表"的对应关系找出帧的目的地址的输出端口号，然后就可以为节点 A 到节点 C 建立端口 1 到端口 5 的连接，同时为节点 D 到节点 B 建立端口 6 到端口 4 的连接，这种端口之间的连接可以根据需要同时建立多条，也就是说可以在多个端口之间建立多个并发连接。

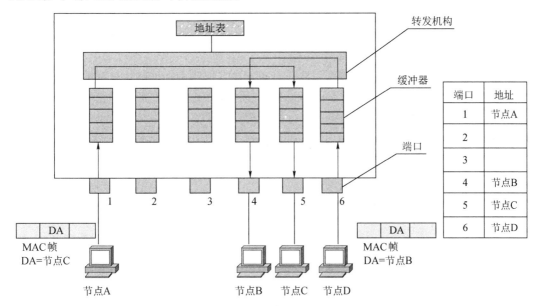

图 5-10　交换局域网的工作原理

4. 局域网交换机技术

1）冲突域和广播域

冲突域是物理上连在一起可能发生冲突的网络分段。一个冲突域的典型特征就是同一时刻只允许一台主机发送数据，否则冲突就会发生。

广播域是指网段上的所有设备的集合，这些设备收听该网络中所有的广播。当网络中一台主机发送广播时，网络上的每个设备必须收听并且处理此广播，即使这个广播对接收它的设备没有任何的帮助。

网络互联设备可以将网络划分为不同的冲突域、广播域。但是，由于不同的网络互联设备可能工作在 OSI 参考模型的不同层次上，因此它们划分冲突域、广播域的效果也不相同。

2）交换机与集线器的区别

交换机的作用是对封装的数据包进行转发，并减少冲突、隔离广播风暴。从组网的形式上来看，交换机与集线器非常类似，但实际工作原理有很大的不同。

从 OSI 体系结构看，集线器工作在 OSI 参考模型的第一层，是一种物理层的连接设备，因而它只对数据的传输进行同步、放大和整形处理，不能对数据传输的短帧、碎片等进行有效、不差错的处理，且不能保证数据的完整性和正确性。交换机工作在 OSI 参考模型的第二层，属于数据链路层的连接设备，不但可以对数据的传输进行同步、放大和整形处理，还提供数据的完整性和正确性的保证。

集线器是一种广播方式，一个端口发送信息，所有端口都可以接收到，但容易发生广播风暴；集线器共享带宽，当两个端口之间通信时，其他端口只能等待。而交换机是一种交换方式，一个端口发送信息，只有目的端口可以接收到，能够有效地隔离冲突域、抑制广播风暴，同时每个端口都有自己的独立带宽，两个端口之间的通信不会影响其他端口之间的通信。

3）第三层交换技术

简单地说，第三层交换技术就是"第二层交换技术+第三层转发"。第三层交换技术的出现，解决了局域网中网段划分之后网段中的子网必须依赖路由器进行管理的局面，解决了传统路由器低速、复杂所造成的网络瓶颈问题。

一个具有第三层交换功能的设备，是一个带有第三层路由功能的第二层交换机，但它是两者的有机结合，而不是简单地把路由器设备的硬件及软件叠加在局域网交换机上。由于仅在路由过程中才需要第三层处理，绝大部分数据都通过第二层交换转发，因此第三层交换机的速度很快，接近第二层交换机的速度，同时，比相同路由器的价格要低很多。可以相信，随着网络技术的不断发展，第三层交换机有望在大规模网络中取代现有路由器的位置。

5.3 虚拟局域网

5.3.1 VLAN 简介

虚拟局域网（Virtual Local Area Network，VLAN）是一组逻辑上的设备和用户，这些设备和用户并不受物理位置的限制，可以根据功能、部门及应用等因素将它们组织起来，相互之间的通信就好像它们在同一个网段中，由此称为虚拟局域网，如图 5-11 所示。

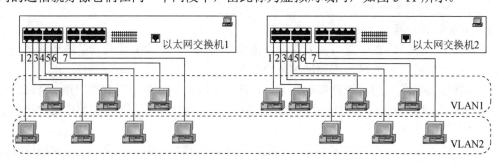

图 5-11　虚拟局域网

VLAN 是一种比较新的技术，工作在 OSI 参考模型的第二层和第三层，一个 VLAN 就是一个广播域，VLAN 之间的通信是通过第三层的路由器来完成的。

与传统的局域网技术相比较，VLAN 技术更加灵活，它具有以下优点：网络设备的移动、添加和修改的管理开销减少；可以控制广播活动；可以提高网络的安全性。

5.3.2 VLAN 的实现

VLAN 是建立在物理网络基础上的一种逻辑子网，因此要建立 VLAN 就需要相应的支持 VLAN 技术的网络设备。当网络中的不同 VLAN 之间进行相互通信时，需要路由的支持，这时就需要增加路由设备；要实现路由功能，既可采用路由器，也可采用三层交换机来完成。通常划分交换机 VLAN 的方式有以下几种。

1. 根据 MAC 地址来划分 VLAN

这种划分 VLAN 的方法是根据每个主机的 MAC 地址来划分的，即对每个 MAC 地址的主机都配置它所属的组。这种划分 VLAN 方法的最大优点就是当用户物理位置移动时，即从一个交换机换到其他的交换机时，VLAN 不用重新配置，所以，可以认为这种根据 MAC 地址的划分方法是基于用户的 VLAN。这种方法的缺点是初始化时，所有的用户都必须进行配置，如果有几百个甚至上千个用户时，配置是非常累的。而且这种划分的方法也导致了交换机执行效率的降低，因为在每一个交换机的端口都可能存在很多个 VLAN 组的成员，这样就无法限制广播包了。另外，对于使用笔记本式计算机的用户来说，他们的网卡可能需要经常更换，这样，VLAN 就必须不停地配置。

2. 根据网络层划分 VLAN

这种划分 VLAN 的方法是根据每个主机的网络层地址或协议类型(如果支持多协议)划分的，虽然这种划分方法是根据网络地址，如 IP 地址划分的，但它不是路由，与网络层的路由毫无关系。

这种方法的优点是用户的物理位置改变了，不需要重新配置所属的 VLAN，而且可以根据协议类型来划分 VLAN。不需要附加的帧标签来识别 VLAN，这样可以减少网络的通信量。

这种方法的缺点是效率低，因为检查每一个数据包的网络层地址是需要消耗处理时间的，一般的交换机芯片都可以自动检查网络上数据包的以太网帧头，但要让芯片能检查 IP 帧头则需要更高的技术，同时也更费时。

3. 基于端口划分 VLAN

基于端口的 VLAN 是最常应用的一种 VLAN，目前绝大多数 VLAN 协议的交换机都提供这种 VLAN 配置方法。这种 VLAN 是根据以太网交换机的交换端口来划分的，它是将 VLAN 交换机上的物理端口和 VLAN 交换机内部的 PVC（Permanent Virtual Circuit，永久虚电路）端口分成若干个组，每个组构成一个虚拟网，相当于一个独立的 VLAN 交换机。例如，一个交换机的 1、2、3、4、5 端口被定义为虚拟网 A，同一交换机的 6、7、8 端口组成虚拟网 B。基于端口划分 VLAN 方法的优点是定义 VLAN 成员时非常简单，只需将所有的端口都定义为相应的 VLAN 组即可，适合于任何大小的网络。它的缺点是如果某用户离开了原来的端口，到了一个新的交换机的某个端口，则必须重新定义。

4. 基于规则的 VLAN

基于规划的 VLAN 也称为基于策略的 VLAN。这是比较灵活的 VLAN 划分方法，具有自动配置的能力，能够把相关的用户连成一体，在逻辑划分上称为"关系网络"。网络管理员只需在网管软件中确定划分 VLAN 的规则（或属性），那么当一个站点加入网络中时，将会被"感知"，并被自动地包含进正确的 VLAN 中。同时，对站点的移动和改变也可自动识别和跟踪。

采用这种方法，整个网络可以非常方便地通过路由器扩展网络规模。有的产品还支持一个端口上的主机分别属于不同的 VLAN，这在交换机与共享式集线器共存的环境中尤为重要。自动配置 VLAN 时，交换机中的软件自动检查进入交换机端口的广播信息的 IP 源地址，然后软件自动将这个端口分配给一个由 IP 子网映射成的 VLAN。

5. 按用户划分 VLAN

基于用户定义、非用户授权来划分 VLAN 是指为了适应特别的 VLAN 网络，根据具体的网络用户的特别要求来定义和设计 VLAN，而且可以让非 VLAN 群体用户访问 VLAN。但是需要提供用户密码，在得到 VLAN 管理的认证后才可以加入一个 VLAN。

以上划分 VLAN 的方式中，基于端口划分 VLAN 的方式建立在物理层上；MAC 方式建立在数据链路层上；网络层和 IP 广播方式建立在第三层上。

5.4 无线局域网

5.4.1 WLAN 简介

无线局域网（Wireless Local Area Networks，WLAN）是相对于有线网络而言的一种全新的网络组建方式，是一种相当便利的数据传输系统，它主要利用射频（Radio Frequency，RF）技术，取代传统的双绞线所构成的局域网络。

WLAN 能够利用简单的存取架构让用户透过它达到"信息随身化、便利走天下"的理想境界。这样，你可以坐在家里的任何一个角落，享受网络的乐趣，而不必像从前那样必须要迁就于网络接口的布线位置。

主流的无线网络分为 GPRS 手机无线网络上网和 WLAN 两种方式。GPRS 手机上网方式是一种借助移动电话网络接入 Internet 的无线上网方式，因此只要所在的城市开通了 GPRS 上网业务，就可在任何一个角落通过手机来上网。

5.4.2 IEEE 802.11 标准

由于 WLAN 是基于计算机网络与无线通信技术，在计算机网络结构中，逻辑链路控制层及其之上的应用层对不同的物理层的要求可以是相同的，也可以是不同的。因此，WLAN 标准主要是针对物理层和媒质访问控制层，涉及所使用的无线频率范围、空中接口通信协议等技术规范与技术标准。

IEEE 802.11 是在 1997 年 6 月通过的标准，该标准定义物理层和媒体访问控制规范。物理层定义了数据传输的信号特征和调制，定义了两个 RF 传输方法和一个红外线传输方法，

RF 传输标准是跳频扩频和直接序列扩频,工作在 2.4～2.483 5 GHz 频段范围内。IEEE 802.11 是 IEEE 最初制定的一个无线局域网标准,主要用于解决办公室局域网和校园网中用户与用户终端的无线接入,业务主要限于数据访问,速率最高只能达到 2 Mb/s。由于它在速率和传输距离上都不能满足人们的需要,所以 IEEE 802.11 标准被 IEEE 802.11b 标准取代了。

IEEE 802.11b 标准规定 WLAN 工作频段在 2.4～2.483 5 GHz 范围内,数据传输速率达到 11 Mb/s,传输距离控制在 15.24～45.72 m。该标准是对 IEEE 802.11 的一个补充,采用补偿编码键控调制方式,采用点对点模式和基本模式两运作模式,在数据传输速率方面可以根据实际情况在 11 Mb/s、5.5 Mb/s、2 Mb/s、1 Mb/s 的不同速率间自动切换,它改变了 WLAN 设计状况,扩大了 WLAN 的应用领域。

IEEE 802.11a 标准规定 WLAN 工作频段在 5.15～5.825 GHz 范围内,数据传输速率达到 54 Mb/s 或 72 Mb/s,传输距离控制在 10～100 m。该标准也是 IEEE 802.11 的一个补充,扩充了标准的物理层,采用正交频分复用(Orthogonal Frequency Division Multiplexing,OFDM)的独特扩频技术和 QFSK 调制方式,可提供 25 Mb/s 的无线 ATM 接口和 10 Mb/s 的以太网无线帧结构接口,支持多种业务如话音、数据和图像等,一个扇区可以接入多个用户,每个用户可带多个用户终端。IEEE 802.11a 标准是 IEEE 802.11b 的后续标准,其设计初衷是取代 802.11b 标准。然而工作于 2.4 GHz 频带是不需要执照的,该频段属于工业、教育、医疗等专用频段,是公开的,而工作于 5.15～8.825 GHz 频带则需要执照。

IEEE 802.11g 标准的最大网络传输速率为 54 Mb/s,并且可以向下兼容 801.11b 标准。该标准在 2.4 GHz 频段使用正交频分复用调制技术,使数据传输速率提高到 20 Mb/s 以上。

IEEE 802.11i 标准是结合 IEEE 802.1x 中的用户端口身份验证和设备验证,对 WLAN MAC 层进行修改与整合,定义了严格的加密格式和鉴权机制,以改善 WLAN 的安全性。IEEE 802.11i 新修订标准主要包括两项内容:Wi-Fi 保护访问(Wi-Fi Protected Access,WPA)技术和强健安全网络(Robust Security Network,RSN)。Wi-Fi 联盟采用 802.11i 标准作为 WPA 的第二个版本,并于 2004 年年初开始实行。IEEE 802.11i 标准在 WLAN 网络建设中是相当重要的,数据的安全性是 WLAN 设备制造商和 WLAN 网络运营商应该首先考虑的头等工作。

IEEE 802.11n 是在 IEEE 802.11g 和 IEEE 802.11a 之上发展起来的一项技术,它最大的特点是速率提升,理论速率最高可达 600 Mb/s。802.11n 可工作在 2.4 GHz 和 5 GHz 两个频段。

IEEE 802.11ac 是 IEEE 802.11n 的继承者,它通过 5 GHz 频带进行通信。理论上,它能够提供最多 1 Gb/s 带宽进行多站式无线局域网通信,或是最少 500 Mb/s 的单一连接传输带宽。目前市面上高端主流的无线宽带路由器都支持这个标准。

5.4.3　WLAN 的网络模型

无线网络的组网设备主要包括无线网卡、无线接入点(Access Point,AP)、无线路由器(Wireless Router)和无线天线。当然,并不是所有的无线网络都需要以上 4 种设备。

事实上,只需几块无线网卡,就可以组建一个小型的对等式无线网络,如图 5-12 所示。

对等式无线网络的优点是省略了一个无线接入点的投资,仅需要为台式机或笔记本电脑购置一块 PCI 或 USB 接口的无线网卡即可。但是,当需要扩大网络规模或需要将无线网络与传统的局域网连接在一起时，才需要使用无线接入点，如图 5-13 所示。

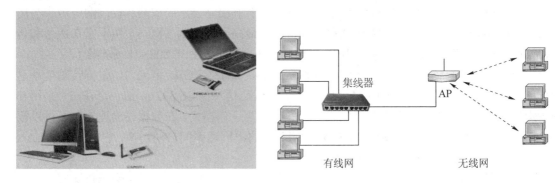

图 5-12　对等式无线网络　　　　　图 5-13　使用 AP 构建无线局域网

无线局域网只有当实现 Internet 接入时，才需要用到以上所列无线路由器，如图 5-14 所示。

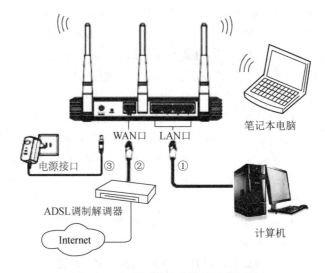

图 5-14　使用无线路由器的无线网络

而无线局域网中的无线天线主要用于放大信号，以接收更远距离的无线信号，从而扩大无线网络的覆盖范围。

1. 无线网卡

无线网卡是终端无线网络的设备，是不通过有线连接，采用无线信号进行数据传输的终端。无线网卡的作用、功能跟普通计算机网卡一样，是用来连接到局域网上的。它只是一个信号收发的设备，只有在找到连接互联网的出口时才能实现与互联网的连接，所有无线网卡只能局限在已布有无线局域网的范围内。无线网卡根据接口的不同，主要有 PCMCIA 无线网卡、PCI 无线网卡、MiniPCI 无线网卡、USB 无线网卡、CF/SD 无线网卡等几类产品，如图 5-15 所示。

图 5-15 无线网卡

从速度来看，无线网卡主流的速率为 54 Mb/s、108 Mb/s、150 Mb/s、300 Mb/s、450 Mb/s，无线网卡的传输速度和环境有很大的关系。

2. 无线接入点

无线接入点（见图 5-16）的功能是把有线网络转换为无线网络。形象点说，无线接入点是无线网和有线网之间沟通的桥梁。其信号范围为球形，搭建的时候最好放到比较高的地方，这样可以增加覆盖范围。

一个典型的企业应用，就是在有线网络上安装数个无线接入点，提供办公室局域网络的无线存取。在无线接入点的接收范围内，无线用户端既有移动性的好处，又能充分地与网络连接。在这种场合，无线接入点成为使用者端接入有线网络的一个接口。另外一个用途则是不允许使用网缆连接，如制造商使用无线网络连接办公室和货仓之间的网络连线。

3. 无线路由器

无线路由器（见图 5-17）是指将单纯性无线接入点和宽带路由器合二为一的扩展型产品，它不仅具备单纯性无线接入点所有功能，如支持 DHCP 客户端、支持虚拟专用网、防火墙、支持 WEP 加密等，还包括了网络地址转换（Network Address Translation，NAT）功能，可支持局域网用户的网络连接共享。

图 5-16 无线接入点   图 5-17 无线路由器

无线路由器可实现家庭无线网络中的 Internet 连接共享，实现非对称数字用户线（Asymmetric Digital Subscriber Line，ADSL）、电缆调制解调器（Cable Modem，CM）和小区宽带的无线共享接入。无线路由器可以与所有以太网接的 ADSL 调制解调器或 CM 直接相连，也可以在使用时通过交换机/集线器、宽带路由器等局域网方式再接入。其内置有简单的虚拟拨号软件，可以存储用户名和密码拨号上网，可以实现为拨号接入 Internet 的 ADSL、CM 等提供自动拨号功能，而无须手动拨号或占用一台计算机作为服务器。此外，无线路由器一般还具备相对更完善的安全防护功能。

4. 无线天线

当计算机与无线接入点或其他计算机相距较远时，或者根本无法实现与 AP 或其他计算机之间的通信时，就必须借助于无线天线对所接收或发送的信号进行增益（放大）。

无线天线有多种类型，不过常见的有两种，一种是室内天线，如图 5-18 所示，优点是方便、灵活，缺点是增益小、传输距离短；另一种是室外天线。室外天线的类型比较多，一种是锅状的定向天线，一种是棒状的全向天线。室外天线的优点是传输距离远，比较适合远距离传输。

无线设备本身的天线都有一定距离的限制，当超出这个限制的距离，就要通过这些外接天线来增强无线信号，达到延伸传输距离的目的。

图 5-18　无线天线

5.4.4　WLAN 的关键技术

无线联网技术基于 IEEE 802.11 标准，该标准主要对网络的物理层和访问层进行规定，其中访问层是重点。在访问层以下，802.11 规定了 3 种发送及接收技术：扩频（Spread Spectrum，SS）技术、红外（Infared）技术、窄带（Narrow Band）技术。而扩频又分为直序（Direct Sequence，DS）扩频和跳频（Frequency Hopping，FH）扩频两种。

实现无线局域网的关键技术主要有 3 种：红外线、跳频扩频（FHSS）和直序扩频（DSSS）。

红外线局域网采用小于 1 μm 波长的红外线作为传输媒体，有较强的方向性，受太阳光的干扰大。红外线支持 1～2 Mb/s 数据速率，适用于近距离通信。

DSSS 局域网可在很宽的频率范围内进行通信，支持 1～2 Mb/s 数据速率，在发送和接收端都以窄带方式进行，而传输过程中则以宽带方式通信。

FHSS 局域网支持 1 Mb/s 数据速率，共 22 组跳频图案，包括 79 个信道，输出的同步载波经调解后，可获得发送端送来的信息。

DSSS 和 FHSS 无线局域网都使用无线电波作为媒体，覆盖范围大，发射功率较自然背景的噪声低，基本避免了信号的偷听和窃取，使通信非常安全。同时，无线局域网中的电波不会对人体造成伤害，具有抗干扰性、抗噪声、抗衰减和保密性能好等优点。

5.4.5　WLAN 的配置及应用

当两个独立的有线局域网需要互联但是相互之间又不便于进行物理连线时，可以采用无线网桥进行连接，如图 5-19 所示。

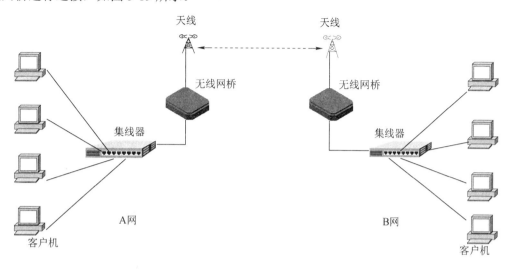

图 5-19　采用无线网桥构建无线局域网

这里可以选择具有网桥功能的无线接入点来实现网络连接，这种网络连接属于点对点连接，无线网桥不仅提供了两个局域网间的物理层与数据链路层的连接，还为两个局域网内的用户提供路由与协议转换的较高层的功能。在无线组网结构上，主要有以下 3 种。

1）无线接入点接入型

利用无线接入点作为中心节点组建星型结构的无线局域网，具有与有线组网方式类似的特点，与无线接入点连接的终端可以是智能手机、平板式电脑和计算机等，如图 5-20 所示。

图 5-20　无线接入点接入型无线局域网

这种局域网可以采用类似于交换型以太网的工作方式，但要求无线接入点具有简单的网内交换功能。

2）交换接入型

多台装有无线网卡的计算机利用无线接入点连接在一起，再通过交换机接入有线局域网，实现一个网络中无线部分与有线部分的连接，如图 5-21 所示。

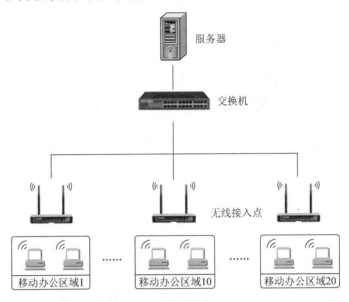

图 5-21　交换接入型无线局域网

在这种结构中，如果使用宽带路由功能的无线接入点或添加路由器，则可以与独立的有线局域网连接。

3）无中心接入型

在无中心接入型结构中，不使用无线接入点，每台计算机只要装上无线网卡就可以实现任意两台计算机之间的通信，这种通信方式类似于有线局域网中的对等局域网，这种结构的无线网络不能连接到其他外部网络，如图 5-22 所示。

图 5-22　无中心接入型无线局域网

5.5　典型的中小型以太网组网技术方案

5.5.1　SOHO 网络解决方案

越来越多的人在家里通过网络进行工作，这样的工作方式既可以节省上下班的交通时间，提高工作效率；又可以自由自在、不受拘束地工作，提高自己的生活质量。如图 5-23 所示，本方案通过无线路由器将所有计算机连接起来，使文件、打印等资源在局域网内部实现共享。所有计算机都能共享一条宽带线路实现对 Internet 的访问，并能享受 Internet 提供的各种服务。并且在无线路由器上能对员工或家庭成员指定不同上网权限，如指定不同计算机的上网时间、限制浏览指定网站和限制网络服务等。

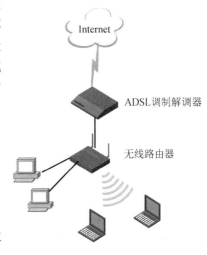

图 5-23　SOHO 网络解决方案图示

5.5.2　中小型企业组网解决方案

1. 背景分析

用户规模：20 人左右的公司是属于 SOHO 级的企业，是比较微型的公司，机构小巧的特点使他们对网络的要求也是微型的，功能完备够用即可，组网的成本费用不是很高。

2. 应用场景

对于网络应用单纯、结构简单的微型局域网络来说，用户可能不需要高性能，寻求成本最低。它一般应用于微型的广告公司、装饰设计公司、咨询公司、律师事务所等。

3. 网络方案

在 SOHO 型的企业中也许不需要专门的应用服务器，局域网中每一台计算机的地位都是平等的，它们仅要求能互相访问，并能上网。但对于越来越紧密的协同工作来说，还是要设服务器，使资源更集中、共享的程度更高。若还想能更好地为客户服务，从而在透明开放、客户关怀、客户满意度方面得分，则还应有一个 Web 服务器，用以展示自己的企业及不设时限地与客户沟通信息。

4. 假设的方案背景

一个有 15 个雇员的律师事务所。每个雇员各有一台计算机，有一个文件服务器为员工提供协同工作平台及资源共享（公共文档），一个 Web 服务器对外开展公司业务，与客户互通信息。这里的两个服务器只要是稍微高档一些的 PC 都能胜任，我们称它为"PC 服务器"。当然这两台服务器并不是必需的，实际建设中要依据公司的业务需要而定。

方案一：ADSL+宽带路由器+接入层交换机，如图 5-24 所示。

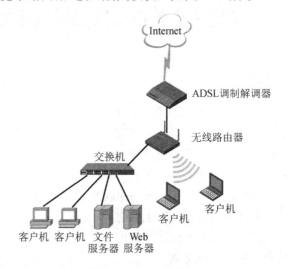

图 5-24　中小企业组网解决方案

方案一的互联网接入类型是 ADSL 拨号方式，这种方式目前有中国电信、中国网通、中国移动在提供，方案的特点是只要有电话线接到的地方，就可以方便快速地组网。需要的网络设备有 ADSL（一般情况下由局方提供）、宽带路由器、接入层交换机。

在这个方案中，ADSL 调制解调器一般由接入服务商提供，宽带路由器集路由、交换、安全等功能于一体，相对小型用户来说已经非常强大，而价格远远低于作为网关的服务器和传统路由器，完全可以在 SOHO 级的应用中代替这些网关设备。它基于 Web 方式的配置操作界面对用户很方便，不需要专业网管人员，就能轻易配置各种网络接入类型的网络参数、安全选项和互联网应用。宽带路由器一般的标准端口配置是有一个 WAN（外网）口，4 个 LAN（内网）口。对于家庭用户来说，交换端口够用；但对小微型企业来说可能会不够用（特别是企业的成长，会不断有人员加入），所以可以再购买一个 16 口或 24 口的接入层交换机（如本案例）。在本案例中我们用到宽带路由器的两个 LAN 端口，一个接接入层交换机，一个接 Web 服务器。这样连接的目的是基于安全的理由——可以在宽带路由器配置连接 Web 服务器的交换端口处于 DMZ（非军事区），使来自 Internet 的访问被局限于这个端口，可有效保护内部局域网的安全。

接入层交换机的作用：接入层交换机用于扩展交换端口数，并把属于内部局域网的 OA 服务器和 PC 全部连接到这台交换机上，使内部的信息交换全部局限于一个广播域内，结合宽带路由器的访问限制，进一步保护内网安全。

方案二：LAN+宽带路由器+接入层交换机。

除了上述的 ADSL 宽带接入方式以外，另外一种热门宽带接入方式是 LAN 方式，这种方式一般是 FTTB+LAN，即光纤到建筑物，再在建筑物中进行 LAN 布线（一般会是营运商来建设）。这种网络是电信营运商或网络营运商城域网的末端，一般有 10～100 Mb/s 的接入速度。这个方案与上述方案的唯一区别是没有 ADSL 调制解调器，宽带路由器的 WAN 端口直接接入运营商的接入层交换机。值得注意的是，这种方式由于是处于营运商的内网，所以网关处的 IP 可能是私网地址，这样的话，要在本地部署 Web 应用时会遇到麻烦，除非营运商给分配公网 IP。

5.5.3 大型企业园区网络解决方案

企业信息化经历了解放劳动力的单机时代和信息共享的数据时代，发展到强调体验为主的多媒体、云和移动时代，追求业务信息交流过程的品质体验。企业信息化引领园区网，反之，园区网发展支撑企业信息化发展。随着园区网的迅速发展，各种新业务，特别是需要大量带宽的新型网络业务（如多媒体业务和云业务）的涌现，使企业园区网络流量呈现高突发、大流量特征，这对网络带宽和可靠性提出极高的要求。根据信息周刊的评估，已经有 65% 的企业接受 BYOD（Bring Your Own Device）移动办公，员工通过任意终端、在任意地点和任意时间都能接入企业网络，这要求园区有线网络和无线网络无缝结合，有线、无线体验要一致，对园区网的移动性和可靠性提出更高要求。如图 5-25 所示，中兴通讯股份有限公司针对企业园区网络面临带宽不足、可靠性缺少保证、移动无线与有线体验相差较大等一系列问题，推出了企业园区网解决方案。本解决方案的特点有以下几个。

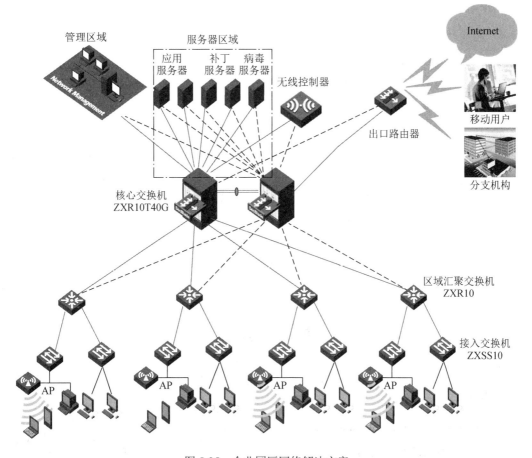

图 5-25 企业园区网络解决方案

1. 技术先进和可扩展性

中兴通讯全系列网络产品按照电信设备理念来设计，技术起点高，采用统一的网络操作系统，坚持开放、互通、标准的设计思想，与国内外主流厂家的产品实现互联互通。中兴通讯的网络设备全部采用模块化思路设计，具有很高的可扩展性。

2. 安全可靠性

中兴全系列网络产品完全具有自主知识产权，充分保证信息的安全，高中端产品都可实现电源、控制模块和交换矩阵的冗余备份，在各企业行业网络设计上，充分考虑网络设备和链路的冗余，本方案中在核心层有两台交换机，避免了单故障点问题，而且两台核心交换机做了端口聚合。汇聚层交换机与核心层交换机之间都设计了双线接入，保证在局部设备和链路出现故障后不会影响企业网络的正常运转，特别是关键数据信息的传送。

3. 优越的管理和维护能力

中兴全系列产品能够实现统一的网络管理，ZXNM01 网络管理系统能实现故障管理、告警管理、设备管理、网络管理和业务管理等功能，中兴的系列网络设备支持集群地址管理，既能实现对全部网络设备的管理，同时又能节省 IP 地址。

4. 灵活的接入手段

中兴全系列网络产品可提供各种网络接入手段，如 10G/GE/FE 以太网接入、POS 2.5G/622M/155M 接入、ATM 2.5G/622M/155M 接入、E1/E3/DDN/FR 接入、ADSL/VDSL 接入、WLAN 无线接入等，能针对企业网络不同的网络现状提供灵活的接入手段。

5. 综合业务融合性

中兴的企业园区网络解决方案可为各行业提供数据、语音、视频多媒体数据通信业务，能实现业务的方便开通、认证和管理。同时能对不同业务提供不同的服务质量（Quality of Service，QoS）保证。中兴系列网络产品支持速率限制、优先级访问、流量工程等服务质量功能，既能提供各种多媒体业务，又能保证这些业务的服务质量。

企业信息化建设的第一步是基础网络建设，任何基础网络规划的不合理都可能对信息化应用造成不良影响。凭借对网络核心技术的掌握和对通信行业的深刻理解，中兴通讯对企业园区数据网络提出了全面的解决方案，能够很好地满足各企业信息化建设及业务应用的需求。

思考与练习

一、选择题

1. IEEE 802 工程标准中的 802.3 协议是（　　）。

   A. 局域网的载波侦听多路访问标准

B．局域网的令牌环网标准

C．局域网的令牌总线标准

D．局域网的互联标准

2．在以下传输介质中，抗电磁干扰最高的是（　　　）。

　　A．双绞线　　　　　B．光纤　　　　　　C．同轴电缆　　　　D．微波

3．以太网交换机的最大带宽（　　　）。

A．等于端口带宽

B．大于端口带宽的总和

C．等于端口带宽的总和

D．小于端口带宽的总和

4．下列属于路由器之间使用的路由协议的是（　　　）。

　　A．IGP　　　　　　B．RIP　　　　　　C．TCP/IP　　　　D．SNMP

5．CSMA/CD 的发送流程可以简单地用 4 句话（①随机重发②冲突停止③边发边听④先听后发）概括，其正确的排列顺序为（　　　）。

　　A．①②③④　　　　B．②①③④　　　　C．③②④①　　　D．④③②①

6．路由器比网桥传送包慢的原因是（　　　）。

A．路由器工作在 OSI 第三层，需要更多的时间解释逻辑地址信息

B．路由器比网桥的缓冲小，因此在给定的时间内传递信息就少

C．路由器在把数据包传送到其他设备前需要从目的地等待响应信息

D．路由器工作在 OSI 第三层，要比工作在第二层上的网桥慢

7．关于以太网网卡的描述不正确的是（　　　）。

A．提供了计算机通信的网络层协议

B．可以有多种传输介质接口

C．是计算机与通信媒体进行数据交互的中间部件

D．可以为计算机提供在网络上的物理地址

8．中继器不具有的功能是（　　　）。

　　A．信号的整形　　　B．放大信号　　　　C．延伸网络长度　　D．数据过滤

二、简答题

1．在局域网中，如何使用路由器实现网络互联？

2．划分 VLAN 的常用方法有哪几种？并说明各种方法的特点。

第6章 网络互联与广域网接入技术

计算机网络包括资源子网和通信子网,网络节点要实现资源共享必须先保证相互之间能够通信,即进行网络互联。本章主要讲述网络互联的基本知识及远程接入技术。包括网络互联设备、路由器工作原理、路由算法、路由协议、广域网技术及 Internet 接入技术等。

6.1 网络互联概述

网络互联是指将分布在不同地理位置或采用不同低层协议的网络相连接,以构成更大规模的互联网络系统,实现互联网络资源的共享。

在网络互联时,有许多技术和方法可以选用,究竟选用什么样的技术和方法,可以根据需要和客观条件来决定。

要实现网络互联,需要满足的基本条件有以下几个。

(1)在需要连接的网络之间提供至少一条物理链路,并对这条链路具有相应的控制规程,使之能建立数据交换的连接。

(2)在不同网络之间具有合适的路由,以便能相互通信及交换数据。

(3)可以对网络的使用情况进行监视和统计,以方便网络的维护和管理。

1. 网络互联的动力与问题

随着局域网的发展和广泛应用,许多企、事业单位和部门都构建了自己的内部网(主要是局域网),网络的应用和区域内信息的共享促使用户有向外延伸的需求,否则,这些内部网可能就是一个"信息孤岛",没有充分发挥作用。因此,网络互联是计算机网络发展和应用的必然要求。计算机网络互联是一个很复杂的过程,涉及多项技术,需要解决很多问题。

1)系统标志问题

计算机网络把两个或更多的计算机用同一网络介质连接在一起,网络介质可以是线路、无线频率或任何其他通信介质。对此网络中的每个系统都必须有唯一的标志,否则一个系统无法与另一个系统通信。几乎所有传输都必须明确地寻址到一个特定系统,且所有传输都必须含有可识别的源地址,以便其响应(或出错报文)能正确地返回发送者。在一个计算机网络中,可以用多种方法为主机设定地址。例如,从 1(或其他数字)开始,对所有主机连续编号,或为每台主机随机指派地址,或每台主机使用一个全球唯一的地址。这几种方法均有缺点。如果该网络不与其他网络合并,则为主机连续编号的方法没有问题。但实际上,各部门间的网络经常需要合并，整个机构也是如此。而使用随机地址的方法则带来了特定网络中或合并的网络间的唯一性问题。最后，每台主机使用全球唯一地址的方法虽然解决了地址重复问题，但需要一个中央授权机构来发放地址。目前，此问题已经解决，如我国的 IP 地址可由中国互联网信息中心（China Internet Network Information Center，CNNIC）授权发布。

2）硬件接口设备地址关联问题

不同的硬件系统可以通过 IP 网络连接起来，这些硬件系统包括：①节点，即实现 IP 的任何设备；②路由器，即可以转发并非寻址到自己的数据的设备。也就是说，路由器可以接收发往其他地址的包并进行转发，这主要是由于路由器连接多个物理网络；③主机，即非路由器的任何网络节点。

实际上，对于绝大部分网络接口设备都有授权机构来确保每个接口设备制造商使用自己的地址范围，从而可以保证每个设备具备一个唯一号码。这意味着网络中的数据可以直接定向到与网络中每个系统使用的网络硬件接口关联的地址，这从根本上解决了网络中目的主机之间网络地址关联以便发送数据的问题。

3）业务流跟踪和选路问题。

如果所有网络都是同一种类型，如以太局域网，则网络互联很容易实现。连接局域网的方法之一是使用网桥，网桥将侦听两个网络上的业务流，如果发现有数据从一个网络传送到另一网络，它将该数据重传到目的网络。但是，连接较多局域网的复杂的互联网络很难处理，要求连接局域网的设备能够了解每个系统的地址和网络位置。即便是同一地点和同一网络上的系统，随着系统数量的增加，对业务流跟踪和选路的任务也较为困难。

2. 网络互联的类型与层次

1）网络互联的类型

网络互联的类型有局域网与局域网互联、局域网与广域网互联、局域网通过广域网与局域网互联、广域网与广域网互联。

2）网络互联的层次

（1）物理层互联。只对比特信号进行波形整形和放大后再发送，可扩大一个网络的作用范围，通常没有管理能力。常用的设备有集线器和中继器。

（2）数据链路层互联。只在数据链路层对帧信息进行存储转发，对传输的信息具有较强的管理能力，在网络互联中起到数据接收、地址过滤与数据转发的作用，可以用来实现多个网络系统之间的数据交换。常用的设备有网桥和交换机。

（3）网络层互联。在网络层对数据包进行存储转发，对传输的信息具有很强的管理能力，解决路由选择、拥塞控制、差错处理和分段技术问题。常用的设备有路由器。

（4）网络层以上的互联。对传输层及传输层以上的协议进行转换，实际上是一个协议转换器，通常叫作网关，又称为网间连接器、信关或联网机。网关是中继系统中最复杂的一种，通过网关互联又叫作高层互联。

6.2　网络互联设备

1. 物理层网络互联的设备

1）中继器

在以太网中，由于网卡芯片驱动能力的限制，单个网段的长度只能限制在 100 m，为扩展网络的跨度，就用中继器将多个网段连接起来成为一个网络。由于受 MAC 协议的定时特性限制，扩展网络时使用的中继器的个数是有限的。在共享介质的局域网中，最多只能使用 4 个中继器，将网络扩展到 5 个网段的长度。

中继器主要用于扩展传输距离，其功能是把从一条电缆上接收的信号再生，并发送到另一条电缆上。中继器能够把不同传输介质的网络连在一起，但一般只用于数据链路层以上相同局域网的互联，它不能连接两种不同介质访问类型的网络（如令牌环网和以太网之间不能使用中继器互联）。中继器只是一个纯硬件设备，工作在物理层，对高层协议是透明的。因此它只是一个网段的互联设备，而不是网络的互联设备。

2）集线器

集线器是具有集线功能多端口的以太网中继。由于交换机的发展，集线器已经被淘汰。

2. 数据链路层互联设备

1）网桥

网桥是数据链路层上实现不同网络互联的设备，以接收、存储、地址过滤和转发的方式实现互联网之间的通信，能够互联两个采用不同数据链路层协议、不同传输介质和不同传输速度的网络，分隔两个网络之间的广播通信量，改善互联网络的性能和安全性。网桥需要互联的网络在数据链路层上采用相同的协议。

2）交换机

二层交换机（如果没有特殊申明，交换机就是指二层交换机）工作在数据链路层，交换机可以在网络中提供和网段间的帧交换，解决带宽缺乏引起的性能问题，并提高网络的总带宽，在端到端的基础上将局域网的各段及各独立站点连接起来，把网络分割成较小的冲突域。交换机的主要特征有以下几个。

（1）交换机为每一个独立的端口提供全部的 LAN 介质带宽。

（2）交换机会在开机后构造一张 MAC 地址与端口对照表，通过比较数据帧中的目的地址与对照表，将数据帧转发到正确的端口。若收到的数据帧的目的地址不在对照表中，则用广播的方式转发。

（3）交换机可以在同一时刻建立多个并发的连接，同时转发多个帧，从而达到带宽倍加的效果。

由于交换机优良的性能，它极大地提高了局域网的效率，在局域网组网和互联时已必不可少，但是，它也存在不能隔离广播等问题。因此，引入了三层交换技术，进一步改善互联网络的性能和安全性。

3. 网络层互联设备

路由器工作在网络层,是对数据包进行操作,利用数据头中的网络地址与它建立的路由表比较来进行寻址。路由器可以用于局域网与局域网互联、局域网与广域网互联及局域网通过广域网与局域网互联。如果互联的局域网高层采用不同的协议,则需要使用多协议路由器。

4. 网关

网关用于互联异构网络,网关通过使用适当的硬件和软件来实现不同协议之间的转换功能。

异构网络是指不同类型的网络,这些网络至少从物理层到网络层的协议都不同,甚至从物理层到应用层所有各层对应层次的协议都不同。因此,在网关中至少要进行网络层及其以下各层的协议转换。

6.2.1 路由器和网关的概念

当连接多个网段的主机时,需要使用路由器。路由器分硬件路由器和软件路由器(运行路由软件的主机)两类,其工作原理是相同的,但我们平时所说的路由器一般指硬件路由器。

路由器有两个或两个以上的接口,接口须配置 IP 地址,且接口 IP 地址不能位于同一网段,因为路由器的每个接口必须连接不同的网络,各网络中的主机网关就是路由器相应的接口 IP 地址。路由器在网络中的作用就像交通图中的交换指示牌,用于告诉主机数据是如何通信的。

路由器由于要连接多个网段(网络),所以路由器一般有多个网络接口,这些网络接口除常见的 RJ-45 口外,也可能是接广域网专线的高速同异步口、接 ISDN 专线的 ISDN 口等。典型的路由器连接如图 6-1 所示。

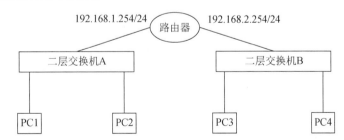

图 6-1 路由器连接

路由器可以用于局域网与局域网互联、局域网与广域网互联及局域网通过广域网与局域网互联,它是一个物理设备。一般局域网的网关就是路由器的 IP 地址,是一个网络连接到另一个网络的"关口"。

网关(Gateway)又称网间连接器、协议转换器。默认网关在网络层上实现网络互联,是最复杂的网络互联设备，仅用于两个高层协议不同的网络互联。网关的结构也和路由器类似，不同的是互联层。网关既可以用于广域网互联，也可以用于局域网互联。

那么网关到底是什么呢？网关实质上是一个网络通向其他网络的 IP 地址。例如，有网络 A 和网络 B，网络 A 的 IP 地址范围为 192.168.1.1～192.168.1.254，子网掩码为 255.255.255.0；网络 B 的 IP 地址范围为 192.168.2.1～192.168.2.254，子网掩码为 255.255.255.0。在没有路由器的情况下，两个网络之间是不能进行 TCP/IP 通信的，即使是两个网络连接在同一台交换机（或集线器）上，TCP/IP 协议也会根据子网掩码（255.255.255.0）判定两个网络中的主机处在不同的网络里。而要实现这两个网络之间的通信，则必须通过网关。如果网络 A 中的主机发现数据包的目的主机不在本地网络中，就把数据包转发给它自己的网关，再由网关转发给网络 B 的网关，网络 B 的网关再转发给网络 B 的某个主机。这就是网络 A 向网络 B 转发数据包的过程。

所以说，只有设置好网关的 IP 地址，TCP/IP 协议才能实现不同网络之间的相互通信。那么这个 IP 地址是哪台机器的 IP 地址呢？网关的 IP 地址是具有路由功能的设备的 IP 地址，具有路由功能的设备有路由器、启用了路由协议的服务器（实质上相当于一台路由器）、代理服务器（也相当于一台路由器），在实际的企业网中，各个 VLAN 的网关通常是一台三层交换机的逻辑三层 VLAN 接口来充当。

6.2.2　路由器的主要功能

路由是指把数据从一个地方传送到另一个地方的行为和动作，而路由器，正是执行这种行为动作的机器，它的英文名称为 Router，是一种连接多个网络或网段的网络设备，它能将不同网络或网段之间的数据信息进行"翻译"，以使它们能够相互"读懂"对方的数据，从而构成一个更大的网络。

简单来讲，路由器主要有以下几种功能。

1）网络互联

路由器支持各种局域网和广域网接口，主要用于互联局域网和广域网，实现不同网络互相通信。

2）数据处理

提供包括分组过滤、分组转发、优先级、复用、加密、压缩和防火墙等功能。

3）网络管理

路由器提供包括配置管理、性能管理、容错管理和流量控制等功能。

为了完成路由的工作，在路由器中保存着各种传输路径的相关数据——路由表（Routing Table），供路由选择时使用。路由表中保存着子网的标志信息、网上路由器的个数和下一个路由器的名称等内容。路由表可以是由系统管理员固定设置好的，也可以由系统动态修改；可以由路由器自动调整，也可以由主机控制。在路由器中涉及两个有关地址的名称概念，即静态路由表和动态路由表。由系统管理员事先设置好的固定的路由表称为静态（static）路由表，一般是在系统安装时就根据网络的配置情况预先设定的，它不会随未来网络结构的改变而改变。动态（dynamic）路由表是路由器根据网络系统的运行情况而自动调整的路由表。

路由器根据路由选择协议（Routing Protocol）提供的功能，自动学习和记忆网络运行情况，在需要时自动计算数据传输的最佳路径。

6.2.3　路由器的工作原理

对于普通用户来说，所能够接触到的只是局域网的范围，通过在 PC 上设置默认网关就可以对局域网的计算机与 Internet 进行通信，在计算机上所设置的默认网关就是路由器以太口的 IP 地址，如果局域网的计算机要和外面的计算机进行通信，只要把请求提交给路由器的以太口即可，接下来的工作就由路由器来完成。因此可以说路由器就是互联网的中转站，网络中的包就是通过一个一个的路由器转发到目的网络的。

那么路由器是如何进行包的转发的呢?就像一个人如果要去某个地方，则在他的脑海里一定要有一张地图，而在每个路由器的内部也有一张地图，这张地图就是路由表。在这个路由表中包含有该路由器掌握的所有目地网络地址，以及通过此路由器到达这些网络中的最佳路径，这个最佳路径指的是路由器的某个接口或下一条路由器的地址。

由于路由表的存在，路由器才可以依据路由表进行包的转发，以图 6-2 所示网络为例，来介绍路由器转发数据的过程。为了方便，将网段 192.168.1.0/24 简写为 1.0，其他网段也做类似处理。

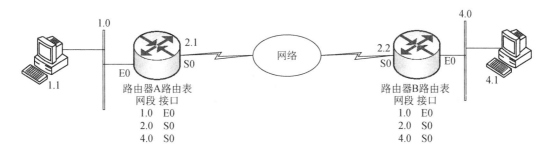

图 6-2　两个路由器连接

（1）主机 1.1 要发送数据包给主机 4.1，因为 IP 地址不在同一网段，主机会将数据包发送给本网段的网关路由器 A。

（2）路由器 A 接收到数据包，查看数据包 IP 中的目标 IP 地址，再查找自己的路由表。数据包的目标 IP 地址是 4.1，属于 4.0 网段，路由器 A 在路由表中查到 4.0 网段转发的接口是 S0 接口。于是，路由表 A 将数据包从 S0 接口转发出去。

（3）网络中的每个路由器都是按这样的步骤去转发数据的，直到到达路由器 B，用同样的转发方法，从 E0 接口转发出去，4.1 主机接收这个数据包。

（4）在转发数据的过程中，如果在路由表中没有找到包的目的地地址，则根据路由器的配置转发到默认接口或用户返回目标地址不可达的信息。

路由表的形成，下面以图 6-3 为例进行讲解。

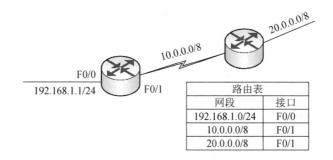

图 6-3 路由表的形成

（1）路由表是在路由器中维护的路由条目的集合，路由器根据路由表做路径选择。

（2）直连网段：当在路由器上配置了接口的 IP 地址，并且接口状态为 up 的时候，路由表中就出现直连路由项。路由器 A 在接口 F0/0 和 F0/1 上分别配置了 IP 地址，并且在接口已经是 up 状态时，在路由器 A 的路由表中就会出现 192.168.1.0 和 10.0.0.0 这两个网段。

（3）非直连网段：对于 20.0.0.0 这样不直连在路由器 A 上的网段，路由器 A 应该怎么写进路由表呢？这就需要使用静态路由或动态路由来将这些网段转发写到路由表中。

6.2.4 路由器的分类

1. 接入路由器

接入路由器主要连接家庭或服务提供商内的小型企业客户。接入路由器可以支持 SLIP 或点到点连接（Point-to-Point Connection，PPC），还支持如 PPTP 和 IPSec（IP 安全协议）等虚拟私有网络协议。

2. 企业级路由器

企业级路由器连接许多终端系统，其主要目标是尽量以简单的方法实现尽可能多的端点互联，并进一步要求支持不同的服务质量，它们还要支持防火墙、包过滤及大量的管理和安全策略。

3. 骨干级路由器

骨干级路由器实现企业级网络的互联。对它的要求是速度和可靠性，硬件可靠性可以采用热备份、双电源、双数据通路等来获得。骨干级路由器的主要性能瓶颈是在转发表中查找某个路由所耗的时间。当收到一个包时，输入端口在转发表中查找该包的目的地址以确定其目的端口，当包越短或当包要发往许多目的端口时，势必增加路由查找的代价。

6.2.5 第三层交换技术

三层交换是相对于传统的交换概念而提出的。传统的交换技术是在 OSI 参考模型中的第二层（即数据链路层）进行操作的，而三层交换技术是在网络模型中的第三层实现了数据包的高速转发，如图 6-4 所示。简单地说，三层交换技术就是二层交换技术＋三层转发技术，三层交换机就是"二层交换机＋基于硬件的路由器"。

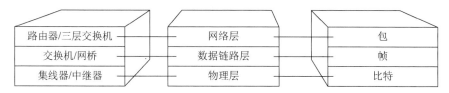

图 6-4　常见设备在 OSI 参考模型里的层次

那么三层交换是怎样实现的呢？三层交换的技术细节非常复杂，不可能一下子讲清楚，不过可以简单地将三层交换机理解为由一台路由器和一台二层交换机构成，如图 6-5 所示。

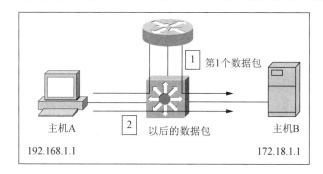

图 6-5　用三层交换机连接两个网络

两台处于不同子网的主机通信，必须要通过路由器进行路由。在图 6-5 中，主机 A 向主机 B 发送的第 1 个数据包必须要经过三层交换机中的路由处理器进行路由才能到达主机 B，但是当以后的数据包再发向主机 B 时，就不必再经过路由处理器处理了，因为三层交换机有"记忆"路由的功能。

三层交换机的路由记忆功能是由路由缓存来实现的。当一个数据包发往三层交换机时，三层交换机首先在它的缓存列表中进行检查，看看路由缓存中有没有记录，如果有记录就直接调取缓存的记录进行路由，而不再经过路由处理器进行处理，这样的数据包的路由速度就大大提高了。如果三层交换机在路由缓存中没有发现记录，再将数据包发往路由处理器进行处理，处理之后再转发数据包。

三层交换机的缓存机制与 CPU 的缓存机制是非常相似的。大家都有这样的印象，开机后第一次运行某个大型软件时会非常慢，但是当关闭这个软件之后再次运行这个软件，就会发现运行速度大大加快了，如本来打开 Word 文档需要 5～6 s，关闭后再打开 Word 文档，就会发现只需要 1～2 s 即可打开。原因是 CPU 内部有一级缓存和二级缓存，会暂时储存最近使用的数据，所以再次启动会比第一次启动快得多。

具有"路由器的功能、交换机的性能"的三层交换机虽然同时具有二层交换和三层路由的特性，但是三层交换机与路由器在结构和性能上还是存在很大区别的。在结构上，三层交换机更接近于二层交换机，只是针对三层路由进行了专门设计。之所以称为"三层交换机"而不称为"交换路由器"，原因就是在交换性能上，路由器比三层交换机的交换性能要弱很多。

路由器的优点在于接口类型丰富，支持的三层功能强大、路由能力强大，适合用于大型的网络间的路由，它的优势在于选择最佳路由、负荷分担、链路备份及和其他网络进行路由信息的交换等路由器所具有的功能。三层交换机的最重要的功能是加快大型局域网络内部数据的快速转发，加入路由功能也是为此服务的。如果把大型网络按照部门、地域等因素划分成一个个小局域网，这将导致大量的网际互访，单纯地使用二层交换机不能实现网际互访，如单纯地使用路由器，由于接口数量有限和路由转发速度慢，将限制网络的速度和网络规模，采用具有路由功能的快速转发的三层交换机就成了首选。

6.3　路由算法和路由协议

在只有一个网段的网络中，数据包可以很容易地从源主机到达目标主机，但是如果一台计算机要和非本网段的计算机进行通信，数据包可能需要经过很多路由器，如图 6-6 所示。

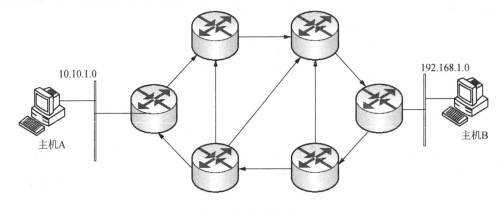

图 6-6　多个路由器相连

主机 A 和主机 B 所在的网段被许多路由器隔开，这时主机 A 与主机 B 的通信就要经过这些中间路由器，这就要面临一个很重要的问题，即如何选择到达目的地的路径。数据包从主机 A 到达主机 B 有很多条路径可供选择，但是很显然，在这些路径中在某一时刻总会有一条路径是最好的。因此，为了尽可能地提高网络访问速度，就需要有一种方法来判断从源主机到达目的地主机所经过的最佳路径，从而进行数据转发，这就是路由技术。

6.3.1　路由协议

典型的路由选择方式有静态路由和动态路由。

静态路由是在路由器中设置的固定的路由表。除非网络管理员干预，否则静态路由不会发生变化。由于静态路由不能对网络的改变作出反映，一般用于网络规模不大、拓扑结构固定的网络中。静态路由的优点是简单、高效、可靠。在所有的路由中，静态路由优先级最高。当动态路由与静态路由发生冲突时，以静态路由为准。

动态路由是网络中的路由器之间相互通信，传递路由信息，利用收到的路由信息更新路由器表的过程。它能实时地适应网络结构的变化。如果路由更新信息表明发生了网络变化，路由选择软件就会重新计算路由，并发出新的路由更新信息。这些信息通过各个网络，引起各路由器重新启动其路由算法，并更新各自的路由表以动态地反映网络拓扑变化。动态路由适用于网络规模大、网络拓扑复杂的网络。当然，各种动态路由协议会不同程度地占用网络带宽和 CPU 资源。

静态路由和动态路由有各自的特点和适用范围，因此在网络中动态路由通常作为静态路由的补充。当一个分组在路由器中进行寻径时，路由器首先查找静态路由，如果查到则根据相应的静态路由转发分组；否则再查找动态路由。

根据是否在一个自治域内部使用，动态路由协议分为内部网关协议（Interior Gateway Protocol，IGP）和外部网关协议（Exterior Gateway Protocol，EGP）。这里的自治域指一个具有统一管理机构、统一路由策略的网络。自治域内部采用的路由选择协议称为内部网关协议，常用的有 RIP、OSPF（Open Shortest Path First，开放最短路径优先）；外部网关协议主要用于多个自治域之间的路由选择，常用的是 BGP（Border Gateway Protocol，边界网关协议）和 BGP-4。

1. RIP 路由协议

RIP 协议最初是为 Xerox 网络系统的 Xeroxparc 通用协议而设计的，是 Internet 中常用的路由协议。RIP 采用距离向量算法，即路由器根据距离选择路由，所以也称为距离向量协议。路由器收集所有可到达目的地的不同路径，并保存有关到达每个目的地的最少站点数的路径信息，除到达目的地的最佳路径外，任何其他信息均予以丢弃。同时路由器也把所收集的路由信息用 RIP 协议通知相邻的其他路由器。这样，正确的路由信息逐渐扩散到了全网。RIP 使用非常广泛，它简单、可靠、便于配置。但是 RIP 只适用于小型的同构网络，因为它允许的最大站点数为 15，任何超过 15 个站点的目的地均被标记为不可到达。而且 RIP 每隔 30 s 一次的路由信息广播也是造成网络的广播风暴的重要原因之一。

2. OSPF 路由协议

20 世纪 80 年代中期，RIP 已不能适应大规模异构网络的互联，OSPF 随之产生。它是因特网工程任务部（Internet Engineering Task Force，IETF）的内部网关协议工作组为 IP 网络而开发的一种路由协议。

OSPF 是一种基于链路状态的路由协议，需要每个路由器向其同一管理域的所有其他路由器发送链路状态广播信息。在 OSPF 的链路状态广播中包括所有接口信息、所有的量度和其他一些变量。利用 OSPF 的路由器首先必须收集有关的链路状态信息，并根据一定的算法计算出到每个节点的最短路径。与 RIP 不同，OSPF 将一个自治域再划分为区，相应的即有两种类型的路由选择方式：当源和目的地在同一区时，采用区内路由选择；当源和目的地在不同区时，则采用区间路由选择。这就大大减少了网络开销，并增加了网络的稳定性。当一个区内的路由器出了故障时并不影响自治域内其他区路由器的正常工作，这也给网络的管理、维护带来了方便。

3. BGP 和 BGP-4 路由协议

BGP 是为 TCP/IP 互联网设计的外部网关协议，用于多个自治域之间。它既不是基于纯粹的链路状态算法，也不是基于纯粹的距离向量算法。它的主要功能是与其他自治域的 BGP 交换网络可达信息。各个自治域可以运行不同的内部网关协议。BGP 更新信息包括网络号/自治域路径的成对信息。自治域路径包括到达某个特定网络须经过的自治域串，这些更新信息通过 TCP 传送出去，以保证传输的可靠性。

为了满足 Internet 日益扩大的需要，BGP 还在不断地发展。在最新的 BGP-4 中，还可以将相似路由合并为一条路由。

6.3.2 路由表项的优先问题

在一个路由器中，可同时配置静态路由和一种或多种动态路由。它们各自维护的路由表都提供给转发程序，但这些路由表的表项间可能会发生冲突。这种冲突可通过配置各路由表的优先级来解决。通常静态路由具有默认的最高优先级，当其他路由表表项与它矛盾时，均按静态路由转发。

6.3.3 路由算法

路由算法在路由协议中起着至关重要的作用，采用何种算法往往决定了最终的寻径结果，因此选择路由算法一定要仔细。通常需要综合考虑以下几个设计目标。

（1）最优化：指路由算法选择最佳路径的能力。

（2）简洁性：算法设计简洁，利用最少的软件和开销，提供最有效的功能。

（3）坚固性：路由算法处于非正常或不可预料的环境时，如硬件故障、负荷过高或操作失误时，都能正确运行。

（4）快速收敛：收敛是指在最佳路径的判断上所有路由器达到一致的过程。当某个网络事件引起路由可用或不可用时，路由器就发出更新信息。路由更新信息遍及整个网络，引发重新计算最佳路径，最终达到所有路由器一致公认的最佳路径。收敛慢的路由算法会造成路径循环或网络中断。

（5）灵活性：路由算法可以快速、准确地适应各种网络环境。例如，某个网段发生故障，路由算法要能很快发现故障，并为使用该网段的所有路由选择另一条最佳路径。

路由算法按照种类可分为以下几种：静态和动态、单路和多路、平等和分级、源路由和透明路由、域内和域间、链路状态和距离向量。下面着重介绍链路状态和距离向量算法。

链路状态算法（也称最短路径算法）发送路由信息到互联网上所有的节点，然而对于每个路由器，仅发送它的路由表中描述了其自身链路状态的那一部分。距离向量算法（也称为 Bellman-Ford 算法）则要求每个路由器发送其路由表全部或部分信息，但仅发送到邻近节点上。从本质上来说，链路状态算法将少量更新信息发送至网络各处，而距离向量算法发送大量更新信息至邻近路由器。由于链路状态算法收敛更快，因此它在一定程度上比距离向量算法更不易产生路由循环。但另一方面，链路状态算法要求比距离向量算法有更强的 CPU 能力和更多的内存空间，因此链路状态算法将会在实现时显得更昂贵一些。除了这些区别，两种算法在大多数环境下都能很好地运行。

最后需要指出的是，路由算法使用了许多种不同的度量标准去决定最佳路径。复杂的路由算法可能采用多种度量来选择路由，通过一定的加权运算，将它们合并为单个的复合度量、再填入路由表中作为寻径的标准。通常所使用的度量有路径长度、可靠性、时延、带宽、负荷、通信成本等。

6.3.4　路由选择方式

典型的路由选择方式有静态路由和动态路由。

1. 静态路由

（1）静态路由的配置。以思科路由器为例，进入路由器的全局配置模式，定义目标网络号、目标网络的子网掩码和下一跳地址或接口，命令如下：

```
Router(config)#ip route {nexthop-address|exit-interface} [distance]
```

（2）默认路由的配置。

配置默认路由的命令如下：

```
Router(config)#ip route 0.0.0.0 0.0.0.0 {nexthop-address|exit-interface}
[distance]
```

2. 动态路由

动态路由分为距离矢量路由协议（DistanceVector Routing Protocol）和链路状态路由协议（Link-State Routing Protocol）。距离矢量路由协议包括 RIP、EIGRP（Enhanced Interior Gateway Routing Protocol，增强内部网关路由协议）、IGRP（Interior Gateway Routing Protocol，内部网关路由协议）路由协议，链路状态路由协议包括 OSPF、IS-IS（Intermediate System-to-Intermediate System，中间系统到中间系统）路由协议。

1）RIP 路由协议

RIP 路由协议有两个不同的版本，RIPv1 和 RIPv2，二者的主要区别如下。

（1）RIPv1 是有类路由协议，RIPv2 是无类路由协议。

（2）RIPv1 不能支持 VLSM（Variable Length Subnet Mack，可变长子网掩码），RIPv2 可以支持 VLSM。

（3）RIPv1 没有认证的功能，RIPv2 可以支持认证，并有明文和 MD5 两种认证。

（4）RIPv1 没有手工汇总的功能，RIPv2 可以在关闭自动汇总的前提下，进行手工汇总。

（5）RIPv1 是广播更新，RIPv2 是组播更新。

（6）RIPv1 对路由没有标记（Tag）的功能，RIPv2 可以对路由打标记，用于过滤和做策略。

（7）RIPv1 发送的 updata 最多可以携带 25 条路由条目，RIPv2 在有认证的情况下最多只能携带 24 条路由。

（8）RIPv1 发送的 updata 包里面没有 next-hop 属性，RIPv2 有 next-hop 属性，可以用与路由更新的重定。

RIPv1 的配置如下：

```
Router(config)#router rip
Router(config-router)#network XXXX.XXXX.XXXX.XXXX
```

RIPv2 的配置如下：

```
Router(config)#router rip
Router(config-router)#version2
Router(config-router)#noauto-sunnmary
Router(config-router)#network XXXX.XXXX.XXXX.XXXX
```

2）EIGRP

EIGRP 是思科私有的、高级距离矢量路由协议，使用 DUAL 算法。EIGRP 是建立邻居关系最快的路由协议。

EIGRP 的配置如下：

```
Router(config)#router eigrp XX
Router(config-router)#noauto-sunnmary
Router(config-router)#network XXXX.XXXX.XXXX.XXXX
```

3）OSPF

OSPF 是一种基于链路状态的路由协议，需要每个路由器向其同一管理域的所有其他路由器发送链路状态广播信息。

OSPF 的配置如下：

```
Router(config)#router ospf XX
Router(config-router)#router-id X.X.X.X
Router(config-router)#network XXXX.XXXX.XXXX.XXXX area X
```

6.3.5 OSPE 路由协议配置解析

1. 提出问题

网络中有 4 个连续的无类子网，如图 6-7 所示。路由器 R1～R3 都运行着 OSPF 动态路由协议，配置相关的信息可使整个网络的任意两个网段能够相互通信。

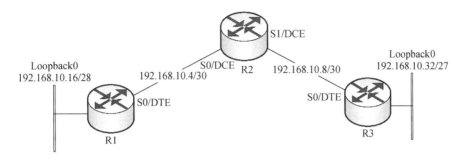

图 6-7　路由拓扑

2. 分析讨论

路由器配置 OSPF 路由协议。

```
R1(config)#router ospf 110
R1(config-router)#network 192.168.10.0 0.0.0.255 area 0
R2(config)#router ospf 111
R2(config-router)#network 192.168.10.0 0.0.0.255 area 0
R3(config)#router ospf 112
R3(config-router)#network 192.168.10.0 0.0.0.255 area 0
```

在路由器 R1 上查看 OSPF 的路由表，命令如下，结果如图 6-8 所示。

```
R1#show ip route
```

```
Gateway of last resort is not set

     192.168.10.0/24 is variably subnetted, 4 subnets, 3 masks
O       192.168.10.33/32 [110/129] via 192.168.10.6, 00:00:48, Serial0
C       192.168.10.4/30 is directly connected, Serial0
O       192.168.10.8/30 [110/128] via 192.168.10.6, 00:00:48, Serial0
C       192.168.10.16/28 is directly connected, Loopback0
```

图 6-8　路由器中的路由表

3. 反馈点评

结果：路由器 R1 通过 OSPF 学习到了所有的子网的路由信息。

结论：面对连续网络的无类路由，RIPv1 与 IGRP 只路由与各自路由器掩码相匹配的子网信息，而 RIPv2、EIGRP、OSPF 则路由到了所有的子网信息。

6.4　广域网技术概论

广域网也称远程网（Long Haul Network）。通常跨接很大的物理范围，所覆盖的范围从几十千米到几千千米，它能连接多个城市或国家，或横跨几个洲并能提供远距离通信，形成国际性的远程网络。广域网的通信子网可以利用公用分组交换网、卫星通信网和无线分组交换网，它将分布在不同地区的局域网或计算机系统互联起来，达到资源共享的目的，如Internet是世界范围内最大的广域网。

广域网一般最多只包含 OSI 参考模型的底下三层，而且大部分广域网都采用存储转发方式进行数据交换，也就是说，广域网是基于报文交换或分组交换技术的（传统的公用电话交换网除外）。广域网中的路由器先将发送给它的数据包完整接收下来，然后经过路径选择找出一条输出线路，最后路由器将接收到的数据包发送到该线路上，以此类推，直到将数据包发送到目的节点。

广域网不同于局域网，它的范围更广，超越一个城市、一个国家甚至达到全球互联，因此具有与局域网不同的特点。

（1）覆盖范围广、通信距离远，可达数千千米甚至全球。

（2）不同于局域网的一些固定结构，广域网没有固定的拓扑结构，通常使用高速光纤作为传输介质。

（3）主要提供面向通信的服务，支持用户使用计算机进行远距离的信息交换。

（4）局域网通常作为广域网的终端用户与广域网相连。

（5）广域网的管理和维护相对局域网较为困难。

（6）广域网一般由电信部门或公司负责组建、管理和维护，并向全社会提供面向通信的有偿服务、流量统计和计费问题。

6.4.1 广域网的定义与拓扑结构

广域网是将地理位置上相距较远的多个计算机系统，通过通信线路按照网络协议连接起来，实现计算机之间相互通信的计算机系统的集合，如图 6-9 所示。它由交换机、路由器、网关、调制解调器等多种数据交换设备、数据连接设备构成，具有技术复杂性强、管理复杂、类型多样化、连接多样化、结构多样化、协议多样化、应用多样化的特点。

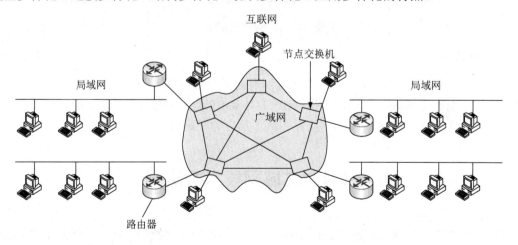

图 6-9 广域网的基本组成

6.4.2　广域网提供的服务

从层次上看，广域网中的最高层就是网络层。网络层为接在网络上的主机所提供的服务可以有两大类，即无连接的网络服务和面向连接的网络服务。这两种服务的具体实现是数据报服务和虚电路服务。

图 6-10（a）和（b）分别画出了网络提供数据报服务和提供虚电路服务的特点。网络层的用户是运输层实体，但为方便起见，可用主机作为网络层的用户。

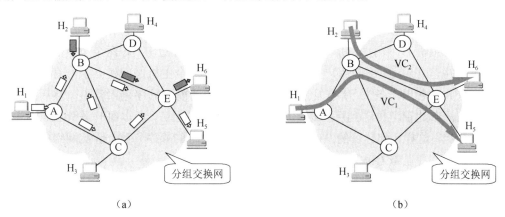

（a）　　　　　　　　　　　　　　　　（b）

图 6-10　数据报服务和虚电路服务

（a）数据报服务；（b）虚电路服务

1.　数据报服务

网络提供数据报服务的特点是网络随时都可接收主机发送的分组（即数据报）。网络为每个分组独立地选择路由，尽最大努力地将分组交付给目的主机，但网络对源主机没有任何承诺。网络不保证所传送的分组不丢失，也不保证按源主机发送分组的先后顺序及在多长的时限内必须将分组交付给目的主机。当需要把分组按发送顺序交付给目的主机时，在目的站还必须把收到的分组缓存一下，等到能够按顺序交付给主机时再进行交付。当网络发生拥塞时，网络中的某个节点可根据当时的情况将一些分组丢弃（请注意，网络并不是随意丢弃分组）。所以，数据报提供的服务是不可靠的，它不能保证服务质量。实际上"尽最大努力交付"的服务就是没有质量保证的服务。图 6-10（a）表示主机 H_1 向 H_5 发送的分组，可以看出，有的分组可经过节点 A-B-E，而另一些则可能经过节点 A-C-E 或 A-C-B-E。在一个网络中可以有多个主机同时发送数据报，如主机 H_2 经过节点 B-E 与主机 H_6 通信。

2.　虚电路服务

设图 6-10（b）中主机 H_1 要和主机 H_5 通信。于是，主机 H_1 先向主机 H_5 发出一个特定格式的控制信息分组，要求进行通信，同时也寻找一条合适的路由。若主机 H_5 同意通信就发回响应，然后双方就建立了虚电路并可传送数据了。这点很像电话通信，先拨号建立主叫和被叫双方之间的通路，然后通话。

在图 6-10（b）中，设寻找到的路由是 A→B→E。这就是我们要建立的虚电路（Virtual Circuit）：H_1→A→B→E→H_5（将它记为 VC_1）。以后主机 H_1 向主机 H_5 传送的所有分组都必须沿着这条虚电路传送。在数据传送完毕后，还要将这条虚电路释放掉。

需要注意的是，由于采用了存储转发技术，所以这种虚电路就和电路交换的连接有很大的不同。在电路交换的电话网上打电话时，两个用户在通话期间自始至终占用一条端到端的物理信道。但当占用一条虚电路进行主机通信时，由于采用的是存储转发的分组交换，所以只是断续地占用一段又一段的链路，虽然人们感觉到好像（但并没有真正地）占用了一条端到端的物理电路。建立虚电路的好处是可以在数据传送路径上的各交换节点预先保留一定数量的资源（如带宽、缓存），作为对分组的存储转发之用。

假定还有主机 H_2 和主机 H_6 通信，所建立的虚电路为经过 B→E 两个节点的 VC_2。

在虚电路建立后，网络向用户提供的服务就好像在两个主机之间建立了一对穿过网络的数字管道（收发各用一条）。所有发送的分组都按发送的前后顺序进入管道，然后按照先进先出的原则沿着此管道传送到目的站主机。因为是全双工通信，所以每一条管道只沿着一个方向传送分组。这样，到达目的站的分组顺序就与发送时的顺序一致，因此网络提供虚电路服务对通信的服务质量 QoS 有较好的保证。

网络所提供的上述这两种服务的思路来源不同。

虚电路服务的思路来源于传统的电信网。电信网将其用户终端（电话机）做得非常简单，而电信网负责保证可靠通信的一切措施，因此电信网的节点交换机复杂而昂贵。

数据报服务使用另一种完全不同的新思路。它力求使网络生存性好和对网络的控制功能分散，因而只要求网络提供尽最大努力的服务。但这种网络要求使用较复杂且有相当智能的主机作为用户终端。可靠通信由用户终端中的软件（即 TCP）来保证。

除以上的区别外，数据报服务和虚电路服务还都各有一些优缺点。

根据统计，网络上传送的报文长度，在很多情况下都很短。若采用 128 字节作为分组长度，则往往一次传送一个分组就够了。这样，用数据报既迅速又经济。若用虚电路，为了传送一个分组而建立虚电路和释放虚电路就太浪费网络资源了。

为了在交换节点进行存储转发，在使用数据报时，每个分组必须携带完整的地址信息。但在使用虚电路的情况下，每个分组不需要携带完整的目的地址，而仅需要有个简单的虚电路号码的标志，这就使分组的控制信息部分的比特数减少，因而减少了额外开销。

对待差错处理和流量控制，这两种服务也是有差别的。在使用数据报时，主机承担端到端的差错控制和流量控制。在使用虚电路时，分组按顺序交付，网络可以负责差错控制和流量控制。

数据报服务对军事通信有其特殊的意义。这是因为每个分组可独立地选择路由。当某个节点发生故障时，后续的分组就可另选路由，因而提高了可靠性。但在使用虚电路时，节点发生故障就必须重新建立另一条虚电路。数据报服务很适合于将一个分组发送到多个地址（广播或多播）。这一点正是当初 ARPANET 选择数据报的主要理由之一。

表 6-1 归纳了虚电路服务与数据报服务的主要区别。

表 6-1　虚电路服务与数据报服务的对比

对比的方面	虚电路服务	数据报服务
思路	可靠通信应当由网络来保证	可靠通信应当由用户主机来保证
连接的建立	必须有	不要
目的站地址	仅在连接建立阶段使用，每个分组使用短的虚电路号	每个分组都有目的站的全地址
分组的转发	属于同一条虚电路的分组均按照同一路由进行转发	每个分组独立选择路由进行转发
当节点出故障时	所有通过出故障的节点的虚电路均不能工作	出故障的节点可能会丢失分组，一些路由可能会发生变化
分组的顺序	总是按发送顺序到达目的站	不一定按发送顺序到达目的站
端到端的差错处理和流量控制	可以由分组交换网负责，也可以由用户主机负责	由用户主机负责

6.4.3　广域网的组网方式

广域网的组网方式主要有 3 种选择：电路交换、点到点连接和分组交换。

1. 电路交换

电路交换也是一种广域网交换方式，网络通过介质链路上的载波为每个通信会话临时建立一条专有物理电路，并维持电路至通信结束，如图 6-11 所示。电路交换只有在数据需要传输的时候才进行连接，通信完成后终止连接。这个和日常生活中打电话的过程很相似，一般用于对带宽要求较低的数据传输，如 ISDN。

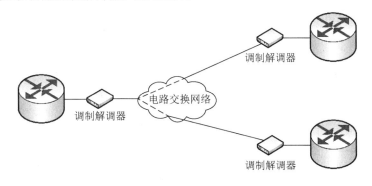

图 6-11　电路交换

2. 点到点连接

点到点连接也称线路租用，它是电信运营商为两个用户点提供专用的连接通信通道，是一种永久式的专用物理通道。它有两种情况：一种是组成全连通的网络，所有路由器节点互相连通。另一种是用网桥或调制解调器进行点到点连接。这种线路方式一般由带宽和距离来定价，价格相对其他技术如帧中继更为昂贵，速度可以达到 45 Mb/s，一般使用 HDLC 和点

到点连接（见图 6-12）的封装格式，如 DDN。

图 6-12　点到点连接

3. 分组交换

分组交换又称包交换，用户共享电信公司资源，成本较低。在这种连接方式中，用户网络连接电信公司网络，多个客户共享电信公司网络，电信公司在客户站点之间建立虚拟线路，数据包通过网络进行传输，如图 6-13 所示，采用分组交换技术的有帧中继、X.25、ATM 等接入技术。

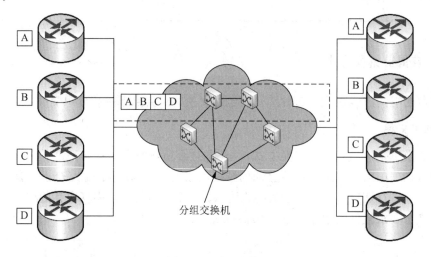

分组交换机

图 6-13　分组交换

6.4.4　几种典型的广域网

1. PSTN

PSTN 也就是通常所说的固定电话网络，PSTN 采用分级交换方式。通过 PSTN 传输数据时，中间必须经双方调制解调器拨号连接，实现计算机数字信号与模拟信号的相互转换，如图 6-14 所示。

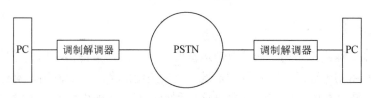

图 6-14　PSTN

电话网的传输质量、接通率、电路利用率都不能满足网络数据通信发展的要求，特别不适合突发性和对差错要求严格的数据通信业务，更不适合用来传输综合业务。

2. ISDN

ISDN 是在电话综合数字网（Integrated Digital Network，IDN）的基础上发展起来的，它提供端到端的数字连接，同时提供各种通信业务，包括语音、数据、可视图文、可视电话、传真、电子信箱、会议电视、语音信箱和网络互联等，如图 6-15 所示。窄带 ISDN（N-ISDN）建立在铜线电话网的基础上，而且与模拟通信端到端兼容；宽带 ISDN（B-ISDN）以光纤作为干线和用户环路的传输介质。

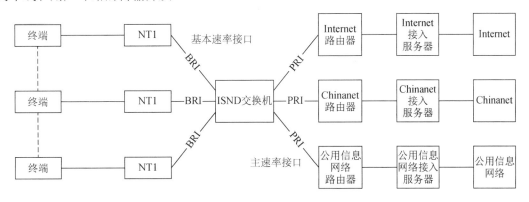

图 6-15 ISDN

3. DDN

DDN 通常称为专线，是利用数字信道传输技术传输数据信号的数据传输网络。DDN 通过半永久性连接电路（实际上是用户租用的专用线路）为用户提供一个高质量、高带宽的数字传输通道，如图 6-16 所示。对于实时性强，速度很高，通信量大的用户来说非常理想，但价格非常昂贵。

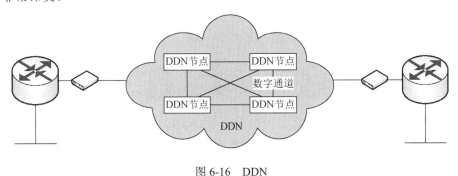

图 6-16 DDN

4. X.25

X.25 是一种典型的面向连接的分组交换网，也是早期广域网中广泛使用的一种通信技术，一般用于大范围内的低速数字通信，如图 6-17 所示。

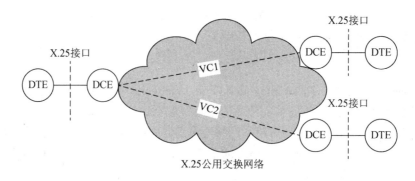

图 6-17　X.25 网络连接

它建立在原有的速率较低、误码率较高的电缆传输介质上，为了保证数据传输的可靠性，包括了差错控制、流量控制、拥塞控制等功能。

X.25 网的协议复杂、延迟较大、传输速率较低，它的最大速率仅为 64 Kb/s，相对而言收费比较贵，现逐步被帧中继所取代。

5.　帧中继

帧中继是从 X.25 发展而来的，建立在数据传输率高、低误码率的光纤上。它是在 X.25 的基础上，简化了差错控制（包括检测、重传和确认）、流量控制和路由选择功能而形成的一种快速分组交换技术，如图 6-18 所示。

帧中继的特点：传输速度高、网络延时小，处理速度快、能够适应突发性业务等。

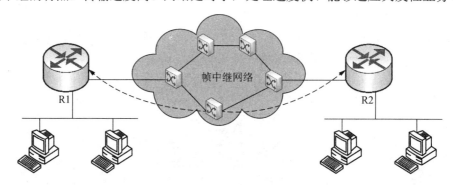

图 6-18　帧中继网络连接

6.　ATM

ATM 是建立在电路交换和分组交换基础上的传输模式，是一种快速分组交换技术，它充分利用了电路交换实时性好、分组交换信道利用率高且灵活性好的优点。

ATM 是一种面向连接的技术，用小的、固定长度（53 字节）的数据传输单元（信元），支持多媒体通信、服务质量保证、网络传输延时小、适应实时通信的要求，没有链路的纠错和流量控制，协议简单、数据交换效率高，既可用在局域网中，也可用于广域网。

6.4.5　虚拟专用网

1．VPN 概述

虚拟专用网（Virtual Private Network，VPN）利用公共网络（主要是互联网）建立一个运行私有的、隧道的、非 TCP/IP 协议的专用加密通道，将多个私有的网络或网络节点连接起来进行远程通信。它相对于专线连接，节省了大量的资本，如图 6-19 所示。VPN 具有费用低、灵活性好、简单的网络管理、隧道的拓扑结构的优点。

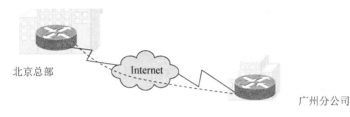

图 6-19　VPN 框架

2．VPN 的分类

1）远程访问

移动用户或远程小办公室通过 Internet 访问网络中心，客户通常需要安装 VPN 客户端软件，如图 6-20 所示。

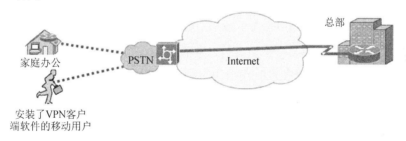

图 6-20　远程访问 VPN

2）站点到站点

公司总部和其分支机构、办公室之间建立的 VPN，替代了传统的专线或分组交换广域网连接，它们形成了一个企业的内部互联网络，如图 6-21 所示。

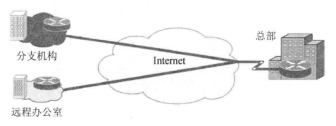

图 6-21　站点互联 VPN

3. VPN 的原理

VPN 的原理是在两台直接和公用网络连接的计算机之间建立一条专用通道，两个私有网络之间的通信内容经过这两台计算机或设备进行加密打包后通过公用网络的专用通道进行传输，然后在对端进行解包，还原成私有网络的通信内容转发到私有网络中。

一个完整的 VPN 系统包括 VPN 服务器、VPN 客户端和 VPN 数据通道 3 部分，VPN 服务器用来接收和验证 VPN 连接的请求，处理数据打包和解包工作；VPN 客户端用来发起 VPN 连接请求，也处理数据打包和解包的工作；VPN 数据通道是一条私有且加密的临时通信隧道。

4. VPN 的关键技术

1）安全隧道技术

安全隧道技术是指为了在公网上传输私有数据而发展起来的信息封装（encapsulation）方式，在 Internet 上传输的加密数据包中，只有 VPN 端口或网关的 IP 地址暴露在外面，如图 6-22 所示。

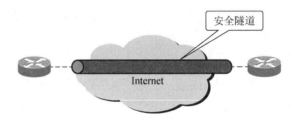

图 6-22　VPN 隧道技术

2）第二层隧道协议

第二层隧道协议是指建立在点对点协议的基础上，先把各种网络协议（IP、IPX 等）封装到点对点帧中，再把整个数据帧装入隧道协议进行传输。一般适用于通过 PSTN 或 ISDN 线路建立 VPN 连接，如图 6-23 所示。它有以下 3 种协议。

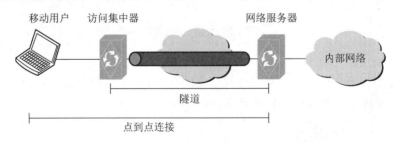

图 6-23　第二层隧道封装技术

（1）L2F：即第二层转发，它是一个思科专用的隧道技术协议，而且是思科为虚拟专用拨号网设计的第一个隧道技术协议。L2F 随后被 L2TP 所取代，L2TP 可以与 L2F 后向兼容。

（2）PPTP：即点到点隧道协议（Point-to-Point Tunneling Protocol），它是由微软提出的，用来在远程网络与公司网络之间安全地传输数据。

（3）L2TP：即第二层隧道协议，它是思科和微软为了取代 L2F 和 PPTP 而共同提出的。L2TP 集合了 L2F 和 PPTP 的性能。

3）第三层隧道协议

它是把各种网络协议直接装入到隧道协议，在可扩充性、安全性及可靠性方面要优于第二层隧道协议，如图 6-24 所示。它有以下两种协议。

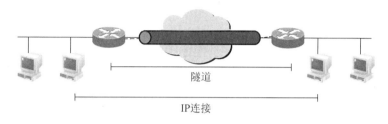

图 6-24　第三层隧道封装技术

（1）GRE：通用路由封装，是对某些网络层协议（如 IP 和 IPX）的数据报进行封装，使这些被封装的数据报能够在另一个网络层协议（如 IP）中传输。它是另一个思科专用的隧道协议，形成虚拟的点到点连接，允许各种不同的协议封装在 IP 隧道里。它在协议层之间采用了一种被称为 Tunnel（隧道）的技术，如图 6-25 所示。其特点是支持多种协议和多播，但缺乏加密机制、安全性差，被 IPSec 取代。

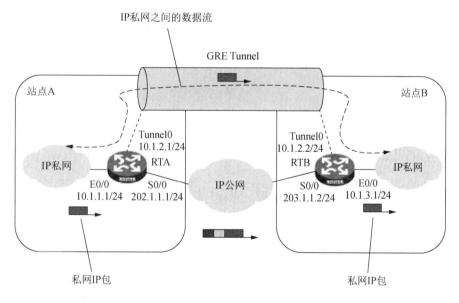

图 6-25　GRE 隧道工作流程

（2）IPSec：即 IP 安全，是一个由 IETF 为保证在 Internet 上传送数据的安全保密性而制定的框架协议，是一个保护 IP 通信的协议族，提供了加密、完整性和身份验证功能，规范了如何确保 VPN 通信的安全。IPSec 有传输和隧道两种工作模式，如图 6-26 和图 6-27 所示，隧道模式对整个 IP 数据包进行了封装和加密，隐藏了源和目的 IP 地址，从外部看不到数据

包的路由过程；传输模式只对 IP 有效数据载荷进行封装和加密，源和目的 IP 地址不加密传送，安全程度相对较低。

IPsec 提供两个安全协议：认证头协议（Authentication Header，AH）和封装安全载荷协议（Encapsulating Security Protocol，ESP），还提供了密钥管理协议，即因特网密钥交换（Internet Key Exchange，IKE）。

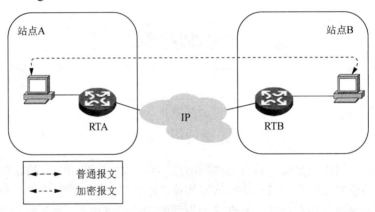

图 6-26 IPSec 传输模式

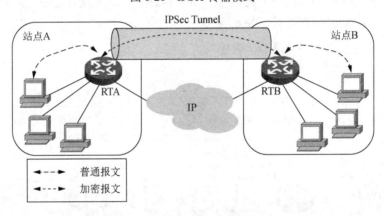

图 6-27 IPSec 隧道模式

6.5 Internet 接入技术

Internet 网络接入目前主要采用的接入方法有电信网接入、计算机网接入和有线电视网接入。

1. 电信网接入

电信网接入主要采用的技术有电话拨号接入、DDN 接入、ISDN 接入和 ADSL 接入，主要特点是接入灵活，接入费用经济实惠。

2．计算机网接入

计算机网接入主要采用局域网传输方式，通过双绞线和传输设备实现 10 Mb/s～1 Gb/s 的网络传输。目前大部分企事业单位都采用计算机网接入，家庭用户使用增长迅速，但接入费用较贵。

3．有线电视网接入

有线电视网覆盖范围很广，是一种相对比较经济、高性能的宽带接入方案。这种接入方式将原来完全基于同轴电缆的单向有线电视改造为双向传输的光纤同轴混合网，其主要特点是频带宽、用户多、传输速率高、灵活性和扩展性强及经济实用。

6.5.1　Internet 概述

Internet 是全世界最大的计算机网络，它源于美国国防部高级研究计划局于 1968 年用于支持军事研究的计算机实验网 ARPANET。

Internet 是将世界上的各种网络连接起来而形成的。这种连接包括两个方面：使用路由器将两个或更多个网络物理连接起来，这种路由器称为 IP 网关；在路由器上运行 IP 协议，在各网络的主机上运行 TCP/IP 协议，从而实现了不同网络的逻辑连接。TCP/IP 协议将不同网络编制成一个整体，在用户看来，Internet 是一个单一网络，而实际上它是由不同物理网络连接起来的。路由器使不同网络实现了互联；TCP/IP 协议屏蔽了不同物理网络的差异性，使不同网络中的计算机之间可以相互传送数据，实现了互通。

Internet 采用了目前最流行的客户机/服务器工作模式，凡是使用 TCP/IP 协议，并能与 Internet 的任意主机进行通信的计算机，无论是何种类型、采用何种操作系统，均可看成是 Internet 的一部分。严格地说，用户并不是将自己的计算机直接连接到 Internet 上，而是连接到其中的某个网络上，再由该网络通过网络干线与其他网络相连。网络干线之间通过路由器相互连接，使各个网络上的计算机都能相互进行数据和信息的传输。例如，用户的计算机通过拨号上网，连接到本地的某个 Internet 服务提供商的主机上。而服务提供商的主机又通过高速干线与本国及世界各国各地区的主机相连，这样，用户仅通过一家服务提供商的主机，便可访遍 Internet。由此也可以说，Internet 是分布在全球的服务提供商通过高速通信干线连接而成的网络。

Internet 的这种结构形式，使其具有如下的特点。

（1）灵活多样的入网方式。这是由于 TCP/IP 成功地解决了不同的硬件平台、网络产品、操作系统之间的兼容性问题。

（2）采用了分布式网络中最为流行的客户机/服务器模式，大大提高了网络信息服务的灵活性。

（3）将网络技术、多媒体技术和超文本技术融为一体，体现了现代多种信息技术互相融合的发展趋势。

（4）方便易行。仅需通过电话线、普通计算机即可接入 Internet。

（5）向用户提供极其丰富的信息资源，包括大量免费使用的资源。

（6）具有完善的服务功能和友好的用户界面，操作简便，无须用户掌握更多的专业计算机知识。

6.5.2 拨号接入

1. 电话拨号接入

电话拨号接入即 PSTN 接入，是指利用普通电话及调制解调器在 PSTN 的普通电话线上进行数据信号传送的技术。当上网用户发送数据时，利用调制解调器将个人计算机发出的数字信号转化为模拟信号，通过电话线发送出去；当上网用户接收数据信号时，利用调制解调器将经电话线送来的模拟信号转化为数字信号提供给 PC。PSTN 用户拨号接入的基本配置是一对电话线、一台计算机和一个调制解调器，如图 6-28 所示。PSTN 拨号接入技术简单、投资少、周期短、可用性强，但这种接入方式的数据业务和语音业务不能同时进行，且最高速率只能达 56 Kb/s，但用户打电话和上网不能同时进行。随着网络技术的发展，这种接入技术已经淘汰。

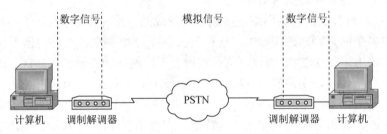

图 6-28　电话拨号接入示意图

2. ISDN 接入

ISDN 是采用的数字交换和数字传输的电信网的简称，中国电信将其俗称为"一线通"。它是一个数字电话网络国际标准，是一种典型的电路交换网络系统。它通过普通的铜缆以更高的速率和质量传输语音和数据。其连接方式如图 6-29 所示。

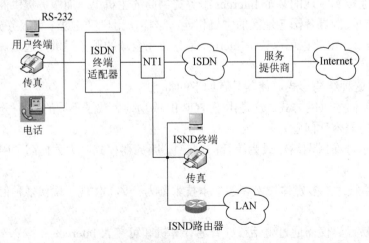

图 6-29　ISDN 接入

与普通拨号上网不同的是，ISDN 为用户提供端到端的数字通信线路，其传输速率可达到 128 Kb/s，而且传输质量可靠，可以提供高品质的语音、传真、可视图文、可视电话等多项业务。向用户提供基本速率（2B+D，144 Kb/s）和基群速率（30B+D，2 Mb/s）两种接口。基本速率接口包括两个能独立工作的 B 信道（64 Kb/s）和一个 D 信道（16 Kb/s），其中 B 信道一般用来传输话音、数据和图像，D 信道用来传输信令或分组信息。用户上网和打电话可以同时进行。基本速率接入适合于普通用户，而基群速率接入一般用于企业用户。

3. ADSL 拨号接入

ADSL 接入是 xDSL 技术的一种，xDSL 是指采用不同调制方式将信息在普通电话线（双绞铜线）上高速传输的技术，包括高比特数字用户线（High-bitrate Digital Subscriber Line，HDSL）技术、单线对数字用户线（Single-pair Digital Subscriber Line，SDSL）技术、ADSL 技术、甚高速数字用户线（Very high-bitrate Digital Subscriber Line，VDSL）技术等。其中，ADSL 在 Internet 高速接入方面应用广泛、技术成熟；VDSL 在短距离（0.3～1.5 km）内提供高达 52Mb/s 的传输速率。它是一种通过 PPPoE 技术进行虚拟拨号方式接入，且用户上网和打电话可以同时进行。

ADSL 方案的最大特点是不需要改造信号传输线路，完全可以利用普通铜质电话线作为传输介质，只需在线路的两端加装 ADSL 设备即可为用户提供高速高带宽的接入服务，如图 6-30 和图 6-31 所示。ADSL 支持的上行速率为 640 Kb/s～1 Mb/s、下行速率为 1～8 Mb/s，其有效的传输距离在 3～5 km 范围内。

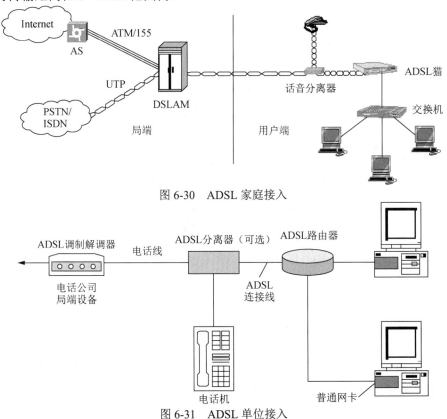

图 6-30　ADSL 家庭接入

图 6-31　ADSL 单位接入

6.5.3 局域网接入

通过局域网接入 Internet，目前使用比较多的技术方案是 FTTB+LAN。

光纤到大楼（Fiber To The Building，FTTB）是一种基于高速光纤局域网技术的宽带接入方式。FTTB 采用光纤到楼、网线到户的方式实现用户的宽带接入，因此又称为 FTTB+LAN，这是一种最合理、最实用、最经济有效的宽带接入方法，如图 6-32 所示。

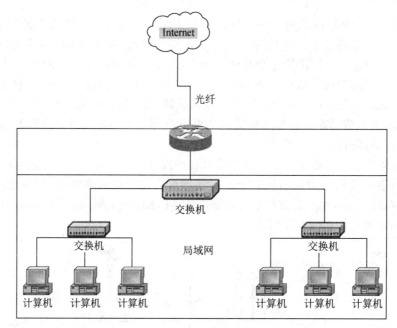

图 6-32　FTTB+LAN 局域网接入示意图

当用户把许多台计算机连成一个局域网之后，如何使这些计算机通过局域网连接到 Internet 呢？这时就需要有一个网关作为局域网与 Internet 的桥梁，来实现局域网内的计算机与 Internet 的连接。这个网关可以使用硬件设备（如路由器）来实现，也可以用一台装有网管代理软件的计算机来做这个桥梁。具有一定规模的局域网，如校园网、大型企业局域网一般是使用硬件路由器作为网关，使局域网计算机与 Internet 相连。

6.5.4 专线接入

通常讲的专线接入是指 DDN 专线接入，它是随着数据通信业务的发展而迅速发展起来的一种新型网络。DDN 专线是指市内或长途的数据电路，电信部门将它们出租给用户后就变成用户的专线，直接进入电信的 DDN 网络，如图 6-33 所示。常见的固定 DDN 专线按传输速率可分为 14.4 Kb/s、28.8 Kb/s、64 Kb/s、128 Kb/s、256 Kb/s、512 Kb/s、768 Kb/s、1.544 Mb/s（"T1"线路）及 44.736Mb/s（"T3"线路）等。

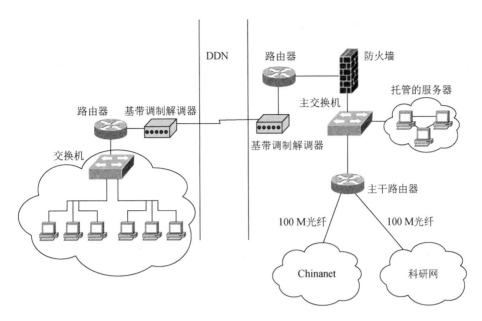

图 6-33　DDN 接入

　　因为 DDN 的主干传输为光纤传输，采用数字信道直接传送数据，所以传输质量高。DDN 专线属于固定连接的方式，是全透明网络，不需要经过交换机房，不必选择路由即可直接进入主干网络，平均时延≤450 μs，所以速度很快，特别适用于业务量大、实时性强的用户，如银行的 ATM、铁路售票系统。

　　由于 DDN 专线需要铺设专用线路从用户端进入主干网络，所以使用专线要付两种费用：一是电信月租费，就像拨号上网要付电话费一样；二是网络使用费，另外还有电路租用费等费用。其花费对于普通用户来说是承受不了的，所以 DDN 不适合普通的互联网用户。

　　DDN 线路的优点有很多，如有固定的 IP 地址、可靠的线路运行、永久的连接等。缺点是资费高昂，应用已趋衰减（个人用户一般使用 ADSL 宽带接入，团体用户一般采用光纤接入）。

6.5.5　混合接入

　　混合接入方式即光纤同轴（Hybrid Fiber Coax，HFC）混合接入方式，是一种经济实用的综合数字服务宽带网接入技术。HFC 通常由光纤干线、同轴电缆支线和用户配线网络 3 部分组成，从有线电视台出来的节目信号先变成光信号在干线上传输；到用户区域后把光信号转换成电信号，经分配器分配后通过同轴电缆送到用户。它与早期 CATV 同轴电缆网络的不同之处主要在于：在干线上用光纤传输光信号，在前端需完成电-光转换，进入用户区后要完成光-电转换。

　　以前有线电视使用的都是同轴电缆，近几年为了提高传输距离和信号质量，有线电视网络逐渐采用 HFC 取代纯同轴电缆。

CM 是利用已有的有线电视光纤同轴混合网进行 Internet 高速数据接入的装置。HFC 是一个宽带网络，具有实现用户宽带接入的基础，用户的微机还需要安装一个 CM 接入 HFC。CM 一般有两个接口，一个与室内墙上的 CATV 端口相连，另一个与计算机网卡或交换机相连，如图 6-34 所示。

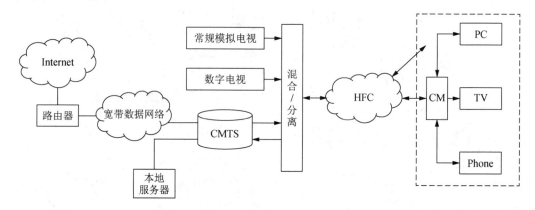

图 6-34　光纤同轴混合接入

6.5.6　光纤接入

光纤接入是指局端与用户之间完全以光纤作为传输媒体，它可以分为有源光网络（Active Optical Network，AON）接入和无源光网络（Passive Optical Network，PON）接入。

光纤用户网的主要技术是光波传输技术。光纤传输的复用技术发展很快，多数已处于实用化。复用技术用得最多的有时分复用、波分复用、频分复用、码分复用等。

由于光纤接入网使用的传输媒介是光纤，因此根据光纤深入用户群的程度，可将光纤接入网分为 FTTC（Fiber To The Curb，光纤到路边）、FTTZ（Fiber To The Zone，光纤到小区）、FTTB、FTTO（Fiber To The Office，光纤到办公室）和 FTTH（Fiber To The Home，光纤到户）。

光纤接入就是把要传送的数据由电信号转换为光信号进行通信。在光纤的两端分别都装有"光猫"进行信号转换。光纤是宽带网络中多种传输媒介中最理想的一种，它的特点是传输容量大、传输质量好、损耗小、中继距离长等。

下面介绍常见的几种光纤接入的方式。

（1）光纤+五类缆接入方式（FTTx+LAN）。以"千兆到小区、百兆到大楼、十兆到用户"为实现基础的光纤+五类缆接入方式尤其适合我国国情。它主要适用于用户相对集中的住宅小区、企事业单位和大专院校。主要对住宅小区、高级写字楼及大专院校教师和学生宿舍等有宽带上网需求的用户进行综合布线，个人用户或企业单位就可通过连接到用户计算机内以太网卡的 5 类网线实现高速上网和高速互联。

（2）从电信运营商局端光纤交换机直接光纤到用户家，然后通过光网卡直连，基本上全光网络带宽可以达到 1 000 Mb/s 甚至 10 000 Mb/s，独享带宽，此方式是最好的光纤接入方式，费用很高。

（3）从电信运营商局端交换机直接光纤到用户家，然后通过光纤收发器（光电转换或称光猫）转换为双绞线接入用户计算机，大部分光网络，带宽可以达到 100 Mb/s 甚至 1 000 Mb/s，但是一般是 100 Mb/s 封顶，独享带宽。

（4）从电信运营商局端交换机直接光纤到用户楼栋，然后通过楼栋交换机转换为双绞线接入用户计算机，部分光网络，带宽可以达到 100 Mb/s，但是一般 10 Mb/s 封顶（常见的还有 2 Mb/s、4 Mb/s、8 Mb/s 等），采用 PPPoE 拨号上网方式，共享带宽（共享情况取决于楼栋内用户数量）。又叫作 LAN 接入方式，光网升级前常采用的模式之一，另一种是 ADSL。

6.5.7　无线接入技术

无线接入有全部或部分采用无线传输方式，主要分为固定无线接入和移动无线接入。固定无线接入又称无线本地环路，用户终端是固定或只有有限的移动性。

无线接入要求在接入的计算机中插入无线接入卡，得到无线接入网服务提供商的服务，便可实现与 Internet 接入，如图 6-35 所示。

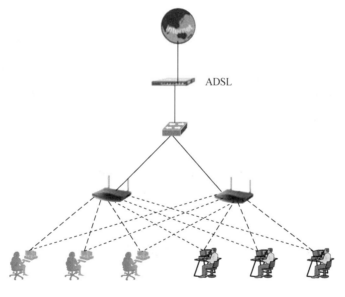

图 6-35　无线接入

6.6　小区用户光纤入户解析

1. 提出问题

小区用户想要通过光纤入户的 PPPoE 方式接入 Internet，拓扑图如图 6-36 所示。

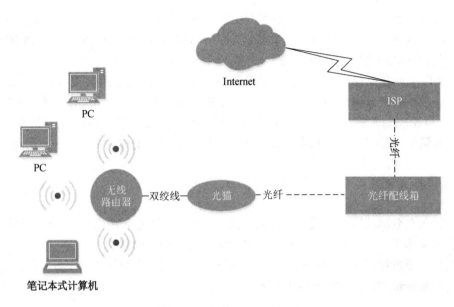

图 6-36　小区 FTTH 接入图

2．分析讨论

用户向服务提供商申请一个光纤入户的上网账号，同时服务提供商会免费租用一个光猫给用户用来将远距离传输过来的光信号转变成电信号，用户端用双绞线接入家庭的无线路由器即可连接到终端，如 PC、智能手机等，从而完成用户接入的工作。

3．反馈点评

这是一种虚拟拨号方式，类似于 ADSL，不同的是它光纤到户了，所以速度更快，可以达到 100Mb/s 的网速，是现在家庭用户比较流行的接入方式。

思考与练习

一、选择题

1．ISDN 的 B 信道提供的带宽以（　　）为单位。

    A．16 Kb/s　　　　　B．64 Kb/s　　　　　C．56 Kb/s　　　　　D．128 Kb/s

2．帧中继网是一种（　　）。

    A．广域网　　　　　B．局域网　　　　　C．ATM 网　　　　　D．以太网

3．X.25 数据交换网使用的是（　　）。

    A．分组交换技术　　　　　　　　　　B．报文交换技术

    C．帧交换技术　　　　　　　　　　　D．电路交换技术

4. 对于缩写词 FR、X.25、PSTN 和 DDN，分别表示的是（　　　）。

    A. 分组交换网、公众电话交换网、数字数据网、帧中继

    B. 分组交换网、公众电话交换网、数字数据网、帧中继

    C. 帧中继、分组交换网、数字数据网、公众电话交换网

    D. 帧中继、分组交换网、公众电话交换网、数字数据网

5. 关于无线局域网，下面叙述中正确的是（　　　）。

    A. 802.11a 和 802.11b 都可以在 2.4 GHz 频段工作

    B. 802.11b 和 802.11g 都可以在 2.4 GHz 频段工作

    C. 802.11a 和 802.11b 都可以在 5 GHz 频段工作

    D. 802.11b 和 802.11g 都可以在 5 GHz 频段工作

二、简答题

1. 广域网链路上数据链路层的主要协议有哪些？

2. 一个好的路由算法应该具备哪些特性？

3. 动态路由算法总是根据什么来选择最佳路由？

4. 广域网技术有哪些？

5. 什么是路由表？路由表必须符合什么样的条件？

6. X.25 提供哪两种类型的虚电路服务？说明其数据传输过程。

7. 虚拟专用网 VPN 的第二层隧道协议主要有哪两种？

第7章 网络安全

计算机网络对整个社会的科技、文化和经济带来了巨大的推动与冲击，同时也带来了许多挑战。网络安全是对网络信息保密性、完整性和网络系统的可用性的保护。本章将介绍网络安全的重要性、网络安全的主要威胁、数据加密机制和网络防火墙等相关内容。

7.1 网络概述

近年来，网络在各种信息系统中的作用越来越重要。网络对整个社会的科技、文化和经济带来了巨大的推动与冲击，它成为人们工作、学习、生活的便捷工具，并为我们提供了丰富的资源。但随着网络应用的进一步加强，人们也越来越关心网络安全问题。2015 年，我国实现了半数中国人接入互联网，网民规模达 6.88 亿，手机网民规模达 6.2 亿，域名总数为 3 102 万个（数据来自《第 37 次中国互联网络发展状况统计报告》）。然而，基础网络设备、域名系统、工业互联网等我国基础网络和关键基础设施却面临着较大安全风险，网络安全事件多有发生。木马和僵尸网络、移动互联网恶意程序、拒绝服务攻击、安全漏洞、网页仿冒、网页篡改等网络安全事件展现出了新的特点：利用分布式拒绝服务（Distributed Denial of Service，DDoS）攻击和网页篡改获得经济利益现象普遍；个人信息泄露引发的精准网络诈骗和勒索事件增多；智能终端的漏洞风险增大；移动互联网恶意程序的传播渠道转移到网盘或广告平台等网站。因此，人们在利用网络优越性的同时，对网络安全问题也决不能忽视。如何有效地维护好网络系统的安全成为计算机研究与应用中的一个重要课题。

7.2 网络安全基础知识

7.2.1 网络安全概述

1. 网络安全的概念

网络的安全是指通过采用各种技术和管理措施，使网络系统正常运行，从而确保网络数据的可用性、完整性和保密性。网络安全是指网络系统的硬件、软件及其系统中的数据受到保护，不因偶然的或恶意的原因而受到破坏、更改、泄露，系统连续可靠正常地运行，网络服务不中断。网络安全包含网络设备安全、网络信息安全、网络软件安全。从广义上说，凡是涉及网络上信息的保密性、完整性、可用性、真实性和可控性的相关技术和理论都是网络安全的研究领域。网络安全是一门涉及计算机科学、网络技术、通信技术、密码技术、信息安全技术、应用数学、数论、信息论等多种学科的综合性学科。

2. 网络安全的重要性

随着全球信息化的飞速发展，整个世界正在迅速地融为一体，大量建设的各种信息化系统已经成为国家和政府的关键基础设施。众多的企业、组织、政府部门与机构都在组建和发展自己的网络，并连接到 Internet 上，以充分共享、利用网络的信息和资源。整个国家和社会对网络的依赖程度也越来越大，网络已经成为社会和经济发展的强大推动力，其地位也越来越重要。

（1）计算机存储和处理的是有关国家安全的政治、经济、军事、国防的情况及一些部门、机构、组织的机密信息或是个人的敏感信息、隐私，因此成为敌对势力、不法分子的攻击目标。

（2）覆盖全球的 Internet，以其自身协议的开放性方便了各种计算机网络的入网互联，极大地拓宽了共享资源。但是由于早期网络协议对安全问题的忽视，以及在使用和管理上的无序状态，网络安全受到严重威胁，安全事故屡有发生。

（3）随着计算机系统的广泛应用，各类应用人员队伍迅速发展壮大，教育和培训却往往跟不上知识更新的需要，操作人员、编程人员和系统分析人员的失误或缺乏经验都会造成系统的安全功能出现问题。

（4）从认识论的高度看，人们往往首先关注系统功能，然后才被动地从现象注意系统应用的安全问题。因此广泛存在着重应用、轻安全、法律意识淡薄的现象。计算机系统的安全是相对不安全而言的，许多危险、隐患和攻击都是隐蔽的、潜在的、难以明确却又广泛存在的。

（5）计算机网络安全问题涉及许多学科领域，既包括自然科学，又包括社会科学。就计算机系统的应用而言，安全技术涉及计算机技术、通信技术、存取控制技术、校验认证技术、容错技术、加密技术、防病毒技术、抗干扰技术、防泄露技术等，因此是一个非常复杂的综合问题，并且其技术、方法和措施都要随着系统应用环境的变化而不断变化。

3. 网络面临的安全威胁

1）网络协议和软件的安全缺陷

Internet 的基石是 TCP/IP 协议族，该协议族在实现上力求效率，而没有考虑安全因素，因为那样无疑增大了代码量，从而降低了 TCP/IP 的运行效率，所以说 TCP/IP 本身在设计上就是不安全的。

2）黑客攻击手段多样

近年来，网络罪犯采用翻新分散式阻断服务攻击的手法，用形同互联网黄页的域名系统服务器来发动攻击，扰乱在线商务。宽带网络条件下，常见的拒绝服务攻击方式主要有两种，一是网络黑客蓄意发动的针对服务和网络设备的拒绝服务攻击；二是用蠕虫病毒等新的攻击方式，造成网络流量急速提高，导致网络设备崩溃或造成网络链路的不堪重负。

3）计算机病毒

计算机病毒是专门用来破坏计算机正常工作的、具有高级技巧的程序。它并不独立存在，而是寄生在其他程序之中，具有隐蔽性、潜伏性、传染性和极大的破坏性。随着网络技术的不断发展、网络空间的广泛运用，病毒的种类急剧增加。只要带病毒的计算机在运行过程中满足设计者所预定的条件，计算机病毒便会发作，轻者造成速度减慢、显示异常、丢失文件，重者损坏硬件、造成系统瘫痪。

4）计算机网络和软件核心技术不成熟

我国信息化建设过程中缺乏自主技术的支撑。计算机安全存在三大黑洞：CPU 芯片、操作系统和数据库、网关软件大多依赖进口。我国计算机网络所使用的网管设备和软件基本上是舶来品，这些因素使我国计算机网络的安全性能大大降低，被认为是易窥视和易打击的"玻璃网"。由于缺乏自主技术，我国的网络处于被窃听、干扰、监视和欺诈等多种信息安全威胁中，网络安全处于极脆弱的状态。

5）安全意识淡薄

目前，在网络安全问题上还存在不少认知盲区和制约因素。网络是新生事物，大多数人一接触就忙着用于学习、工作和娱乐等，对网络信息的安全性无暇顾及，安全意识相当淡薄，对网络信息不安全的事实认识不足。整个信息安全系统在迅速反应、快速行动和预警防范等主要方面，缺少方向感、敏感度和应对能力。

6）身份信息窃取

任何人都可能成为身份信息窃取的受害者。某些情况下，网络罪犯通过要求用户在电子邮件中或从该邮件链接到的网站上提供用户的信息，即可直接获得有关信息。在其他情况下，网络罪犯通过黑客入侵企业（如零售商或政府机构等）管理的大型数据库，同时窃取许多人的个人信息。

7）网络钓鱼诈骗

网络罪犯经常通过看似来自合法公司的电子邮件中的链接获取个人信息，这称为网络钓鱼诈骗。这些不法之徒使用来自合法公司或组织的邮件，骗取用户共享账号、密码和其他信息，以攫取用户的钱财或以用户的名义购物。

8）间谍软件

间谍软件是指未获得用户的同意即安装在用户计算机上的软件，它监控或控制用户的计算机使用。间谍软件可向用户发送弹出式广告、将用户的计算机转到恶意网站、监控用户的网络使用或记录用户的键击操作，这些都可能导致个人信息被盗用。

9）僵尸网络

绝大多数垃圾邮件通过数以百万计未受保护的家庭计算机远程发送，它们在用户未受保护的计算机上安装恶意软件，以便控制和使用用户的计算机发送垃圾邮件。僵尸网络由数千乃至数百万台"受控制"的计算机组成，并发送电子邮件。

10）分布式拒绝服务

分布式拒绝服务是利用多台计算机同时攻击一台服务器（如网站的服务器），使服务器陷入瘫痪或停止正常运行。许多分布式拒绝服务攻击可利用多台 PC 发起攻击，这些 PC 由控制者控制，将 PC 用作单个僵尸。

7.2.2 数据加密机制

1. 密码技术的基本概念

在网络安全日益受到关注的今天，加密技术在各方面的应用也越来越突出，在各方面都发挥着举足轻重的作用。加密技术是最常用的安全保密手段，它是利用技术手段把重要的数据变成乱码（加密）传送，到达目的地后再用相同或不同的手段还原（解密）。

密码研究已有数千年的历史。最早使用一些技术方法来加密信息的可能是公元前 700年，古希腊军队用一种叫作 Scytale 的圆木棍来进行保密通信。其使用方法是，把长带子状羊皮纸缠绕在圆木棍上，然后在上面写字；解下羊皮纸后，上面只有杂乱无章的字符，只有再次以同样的方式缠绕到同样粗细的棍子上，才能看出所写的内容，Scytale 密码棒如图 7-1所示。

图 7-1　Scytale 密码棒

数据加密（encryption）是指将明文（plaintext）信息采取数学方法进行函数转换成密文（ciphertext），只有特定接收方才能将其解密（decryption）还原成明文的过程，如图 7-2 所示。

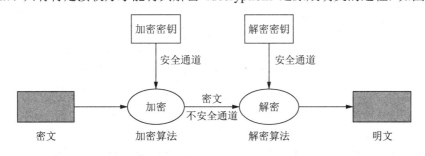

图 7-2　加密通信的基本过程

（1）明文：指加密前的原始信息。

（2）密文：指明文被加密后的信息。

（3）密钥（key）：指控制加密算法和解密算法得以实现的关键信息，分为加密密钥和解密密钥。

（4）加密：指将明文通过数学算法转换成密文的过程。

（5）解密：将密文还原成明文的过程。

2. 古典加密技术

Caesar 密码是传统的代替加密法，当没有发生加密（即没有发生移位）之前，其置换表如图 7-3 所示。

a	b	c	d	e	f	g	h	i	j	k	l	m
A	B	C	D	E	F	G	H	I	J	K	L	M
n	o	p	q	r	s	t	u	v	w	x	y	z
N	O	P	Q	R	S	T	U	V	W	X	Y	Z

图 7-3　Caesar 置换表（1）

加密时每个字母向前推移 k 位，如当 $k=5$ 时，置换表如图 7-4 所示。

a	b	c	d	e	f	g	h	i	j	k	l	m
F	G	H	I	J	K	L	M	N	O	P	Q	R
n	o	p	q	r	s	t	u	v	w	x	y	z
S	T	U	V	W	X	Y	Z	A	B	C	D	E

图 7-4　Caesar 置换表（2）

例如，对于明文：data security has evolved rapidly，经过加密后就可以得到密文 IFYF XJHZWNYD MFX JATQAJI WFUNIQD。

3. 现代加密算法介绍

数据加密算法有很多种，密码算法标准化是信息化社会发展的必然趋势。结合现代加密技术和密码体制的特点，数据加密通常分为两大类：对称加密算法和非对称加密算法。

1）对称加密算法

对称加密算法是应用较早的加密算法，技术成熟。在对称加密算法中，数据发信方将明文（原始数据）和加密密钥一起经过特殊加密算法处理，使其变为复杂的加密密文发送出去。收信方收到密文后，若想解读原文，则需要使用加密用过的密钥及相同算法的逆算法对密文进行解密，才能使其恢复成可读明文。在对称加密算法中，使用的密钥只有一个，发、收信双方都使用这个密钥对数据进行加密和解密，这就要求解密方事先必须知道加密密钥。

对称加密算法的特点是加密速度快，能够适应大量数据和信息的加密，但在密码的管理和安全性方面比较欠缺。

在对称加密算法中有许多著名的算法，如 DES、3DES、RC5 和 IDEA。

2）非对称加密算法

非对称加密算法需要两个密钥：公开密钥（publickey）和私有密钥（privatekey）。公开密钥与私有密钥是一对，如果用公开密钥对数据进行加密，只有用对应的私有密钥才能解密；

如果用私有密钥对数据进行加密，那么只有用对应的公开密钥才能解密。因为加密和解密使用的是两个不同的密钥，所以这种算法叫作非对称加密算法。

非对称加密算法的特点是算法强度复杂，安全性依赖于算法与密钥。但是由于其算法复杂，所以加密解密速度没有对称加密解密的速度快。

在非对称加密算法中有许多著名的算法，如 RSA、DSA 和 Diffie-Hellman。

3）单向散列算法

单向散列算法或消息摘要，是一种基于密钥的、加密不同的数据转换类型，它通过把一个单向的数学函数应用于数据，将任意长度的一块数据转换为一个定长的、不可逆的数据。单向散列算法广泛应用于数字签名和数据完整性方面。其中最常用的散列函数是 MD5 和 SHA-1。

7.2.3 网络防火墙

1. 防火墙的基本概念

防火墙技术是设置在被保护网络和外部网络之间的一道屏障，实现网络的安全保护，以防止发生不可预测的、潜在破坏性的侵入。防火墙本身具有较强的抗攻击能力，它是提供信息安全服务、实现网络和信息安全的基础设施。换句话说，如果不通过防火墙，公司内部的人就无法访问 Internet，Internet 上的人也无法和公司内部的人进行通信。

2. 防火墙的功能

防火墙属于用户网络边界的安全保护设备。网络边界是指采用不同安全策略的两个网络的连接处，其目的是在网络连接之间建立一个安全控制点，通过允许、拒绝或重新定向经过防火墙的数据流，实现对进、出内部网络的服务和访问的审计和控制。防火墙能够提高主机群、网络及应用系统的安全性，它主要具备以下几个主要功能。

1）网络安全的屏障

提供内部网络的安全性，并通过过滤不安全的服务降低风险。防火墙可以对应用层协议进行检测和控制，所以网络环境变得更安全。

2）强化网络安全策略

通过集中的安全方案配置，在防火墙上实现安全技术（如口令、加密、身份认证和审计）。

3）对网络存取和访问进行监控审计

所有经过防火墙的访问都将被记录下来生成日志记录，并针对网络的使用情况进行统计。当有可疑动作发生时，防火墙能够进行适当的报警，并提供网络是否受到监测和攻击的详细信息。

4）避免内部信息的外泄

利用防火墙对内部网络的划分，可实现内部网络重点网段的隔离，从而限制局部重点或敏感安全问题影响全局网络。

5）身份认证

防火墙能够识别外部网络访问用户的身份，从而决定是否允许该用户访问内部网络，得到在用户端进行访问控制、对安全策略进行细化的目的。

3. 防火墙的类型

典型的防火墙系统通常由一个或多个构件组成，相应地，实现防火墙的技术包括两大类：

包过滤型防火墙和应用代理型防火墙。

1）包过滤型防火墙

包过滤防火墙是用一个软件查看所流经的数据包的包头，由此决定整个包的命运。它可能会决定丢弃（drop）这个包，可能会接受（accept）这个包（让这个包通过），也可能执行其他更复杂的动作，如图7-5所示。包过滤型防火墙对用户来说是全透明的，最大的优点是只需要在一个关键位置设置一个包过滤路由器就可以保护整个网络。如果在内部网络与外界之间已经有了一个独立的路由器，那么可以简单地加一个包过滤软件，即可实现对全网的保护，使用起来非常简捷、方便，并且速度快、费用低。

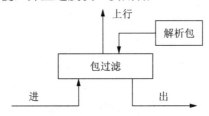

图 7-5　包过滤型防火墙功能模型

2）应用代理型防火墙

应用代理型防火墙工作在OSI的最高层，即应用层。其特点是完全"阻隔"了网络通信流，通过对每种应用服务编制专门的代理程序，实现监视和控制应用层通信流的作用，如图7-6所示。在应用代理型防火墙技术的发展过程中，它经历了两个不同的版本，即第一代应用网关型代理防火墙和第二代自适应代理型防火墙。应用代理型防火墙是防火墙的一种，代表某个专用网络同互联网进行通信的防火墙，类似在股东会上某人以你的名义代理你来投票。当将浏览器配置成使用代理功能时，防火墙就将浏览器的请求转给互联网；当互联网返回响应时，代理服务器再把它转给浏览器。代理服务器也用于页面的缓存，代理服务器在从互联网上下载特定页面前先从缓存器中取出这些页面。内部网络与外部网络之间不存在直接连接。

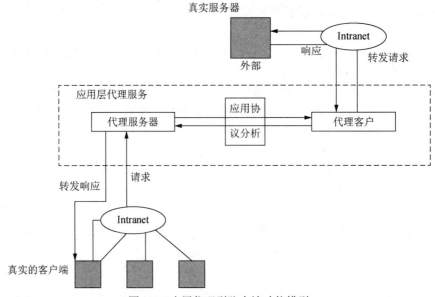

图 7-6　应用代理型防火墙功能模型

7.2.4 网络病毒的防治

计算机病毒对计算机系统及网络所产生的破坏效应，使人们清醒地认识到它所带来的危害。目前，每年的新病毒数量都是呈指数级增长，而且由于 Internet 的日益普及，借助于计算机网络可以传播到计算机世界的每个角落，并大肆破坏计算机数据、更改操作程序、干扰正常显示、摧毁系统，甚至对硬件系统都能产生一定的破坏作用。

1. 计算机病毒的起源

关于计算机病毒的起源，目前有很多种说法。尽管如此，对于计算机病毒的起源地，人们一致认为是在美国。1977 年，美国科普作家托马斯·丁·雷恩推出轰动一时的《P-1 的春天》一书。作者在书中构思了一种神秘的、能够自我复制的、可利用信息通道进行传播的计算机程序，并称之为计算机病毒。这是世界上第一个幻想出来的计算机病毒。

2. 计算机病毒的定义

计算机病毒一词是从生物医学病毒概念中引申而来的，它之所以被称为病毒，是因为与生物医学上的病毒有着很多的相同点。计算机病毒是人为编写的，具有自我复制能力，是未经用户允许而执行的代码。一般来说，凡是能够引起计算机故障，能够破坏计算机中的资源（包括硬件和软件）的代码，统称为计算机病毒。计算机病毒具有隐蔽性、潜伏性、破坏性、传染性和不可预见性。

3. 计算机病毒的分类

从计算机病毒问世以来，病毒的发展非常迅速。它们有的传播速度快，有的潜伏期长，有的感染计算机的所有程序和数据，有的进行自身繁衍占据磁盘空间，有的具有强大的破坏性。计算机病毒的分类方法有很多种，下面从不同的角度对计算机病毒进行划分。

1）按照计算机病毒的链接方式分类

根据计算机病毒的链接方式，可以将其分为如下几种类型。

（1）源码型病毒：这种病毒主要攻击高级语言编写的程序，该病毒在高级语言所编写的程序编译前插入到源程序中，经编译成为合法程序的一部分。

（2）嵌入型病毒：这种病毒是将自身嵌入到现有程序中，把病毒的主程序与其攻击的对象以潜入的方式链接。

（3）外壳型病毒：外壳型病毒将其自身包围在主程序的四周，对原来的程序不做修改。这种病毒最为常见，易于编写，也易于发现，一般测试文件的大小时即可查出。

（4）操作系统型病毒：这种病毒用自身的程序加入或取代部分操作系统进行工作，具有很强的破坏力，可以导致整个系统的瘫痪。

2）按照计算机病毒的传染性分类

根据计算机病毒的传染方法，可将其分为如下几种类型。

（1）磁盘引导型病毒：磁盘引导区传染的病毒主要是用病毒的全部或部分逻辑取代正常的引导记录，而将正常的计算机记录隐藏在磁盘的其他地方。

（2）可执行程序传染病毒：寄生在可执行程序中，一旦程序执行，病毒就被激活，并将自身驻留内存，然后设置触发条件进行传染。

（3）可执行程序传染病毒：寄生在可执行程序中，一旦程序执行，病毒就被激活，并将自身驻留内存，然后设置触发条件进行传染。

3）按照计算机病毒攻击的系统分类

根据计算机病毒攻击的系统，可将其分为如下几种类型。

（1）DOS 病毒：针对 DOS 操作系统开发的病毒。

（2）Windows 病毒：由于 Windows 操作系统是多用户、多任务的图形界面操作系统，深受用户的欢迎，Windows 操作系统正逐渐成为病毒攻击的主要对象。

（3）其他系统病毒：主要攻击 Linux、UNIX 及嵌入式操作系统的病毒。

4. 常见的计算机病毒

计算机病毒的种类多种多样，病毒的制造者不断地尝试新的方法来感染计算机系统。常见的计算机病毒包括文件型病毒、引导型病毒、宏病毒、蠕虫病毒、木马病毒。

1）文件型病毒

文件型病毒是计算机病毒的一种，主要感染计算机中的可执行文件（.exe）和命令文件（.com）。文件型病毒是对计算机的源文件进行修改，使其成为新的带毒文件。一旦计算机运行该文件就会被感染，从而达到传播的目的。

2）引导型病毒

引导型病毒是指寄生在磁盘引导区或主引导区的计算机病毒。此病毒利用系统引导时，不对主引导区的内容正确与否进行判别的缺点，在引导型系统的过程中侵入系统、驻留内存、监视系统运行、待机传染和破坏。按照引导型病毒在硬盘上的寄生位置又可细分为主引导记录病毒和分区引导记录病毒。主引导记录病毒感染硬盘的主引导区，如大麻病毒、2708 病毒、火炬病毒等；分区引导记录病毒感染硬盘的活动分区引导记录，如小球病毒、Girl 病毒等。

3）宏病毒

宏病毒是一种寄存在文档或模板的宏中的计算机病毒。一旦打开这样的文档，其中的宏就会被执行，宏病毒就会被激活，转移到计算机上，并驻留在 Normal 模板上。从此以后，所有自动保存的文档都会"感染"上这种宏病毒，而且如果其他用户打开了感染病毒的文档，宏病毒又会转移到用户的计算机上。

4）蠕虫病毒

蠕虫病毒是自包含的程序（或是一套程序），它能传播它自身功能的复制或它的某些部分到其他的计算机系统中（通常是经过网络连接）。请注意，与一般病毒不同，蠕虫不需要将其自身附着到宿主程序，它有两种类型的蠕虫：主计算机蠕虫与网络蠕虫。主计算机蠕虫完全包含在它们运行的计算机中，并且使用网络的连接仅将自身复制到其他的计算机中，主计算机蠕虫在将其自身的复制加入到另外的主机后，就会终止它自身，蠕虫病毒一般是通过 1434 端口漏洞传播的。例如，近几年危害很大的"勒索"病毒就是蠕虫病毒的一种，2007 年 1 月流行的"熊猫烧香"及其变种也是蠕虫病毒。

5）木马病毒

木马病毒也称木马（Trojan），是指通过特定的程序（木马程序）来控制另一台计算机。木马通常有两个可执行程序：一个是控制端，另一个是被控制端。木马这个名称来源于古希腊传说（荷马史诗中木马计的故事，Trojan 一词的特洛伊木马本意是特洛伊的，即代指特洛伊木马，也就是木马计的故事）。木马程序是目前比较流行的病毒文件，与一般的病毒不同，它不会自我繁殖，也并不"刻意"地去感染其他文件，它通过将自身伪装吸引用户下载执行，向施种木马者提供打开被种主机的门户，使施种者可以任意毁坏、窃取被种者的文件，甚至远程操控被种主机。木马病毒的产生严重危害着现代网络的安全运行。

7.2.5　网络监听与扫描

1）网络嗅探

网络嗅探（Sniffer）又称网络窃听器。它工作在网络底层，通过对局域网上传输的各种信息进行嗅探窃听，从而获取重要信息。对于网络管理人员而言，一款优秀的流量监控软件对维护网络的正常运行是至关重要的。由 NAI 公司出品的 Sniffer Pro 是目前较好的网络协议分析软件之一，它性能优越，是可视化的网络分析软件，主要具有以下功能。

（1）实时监测网络活动。

（2）数据包捕捉与发送。

（3）网络测试与性能分析。

（4）利用专家分析系统进行故障诊断。

（5）网络硬件设备测试与管理。

2）漏洞扫描

漏洞扫描是指基于漏洞数据库，通过扫描等手段对指定的远程或本地计算机系统的安全脆弱性进行检测，发现可利用的漏洞的一种安全检测（渗透攻击）行为。

X-Scan 是国内著名的综合扫描器之一，它完全免费，不需要安装绿色软件，界面支持中文和英文两种语言，包括图形界面和命令行方式，主要由国内著名的民间黑客组织"安全焦点"完成，从 2000 年的内部测试版 X-Scan V0.2 到目前的最新版本 X-Scan 3.3-cn 都凝聚了国内众多黑客的心血。最值得一提的是，X-Scan 把扫描报告和安全焦点网站相连接，对扫描到的每个漏洞进行"风险等级"评估，并提供漏洞描述、漏洞溢出程序，方便网管测试、修补漏洞。可以利用该软件对 VoIP 设备、通信服务器进行安全评估。

3）端口扫描

端口扫描是指某些别有用心的人发送一组端口扫描消息，试图以此侵入某台计算机，并了解其提供的计算机网络服务类型（这些网络服务均与端口号相关）。端口扫描是计算机解密高手喜欢的一种方式，攻击者可以通过它了解到从哪里可探寻到攻击弱点。实质上，端口扫描包括向每个端口发送消息，一次只发送一个消息。接收到的回应类型表示是否在使用该端口并且可由此探寻弱点。

SuperScan 是由 Foundstone 开发的一款免费的、功能十分强大的工具，与许多同类工具比较，它既是一款黑客工具，又是一款网络安全工具。黑客可以利用它的拒绝服务攻击（Denial of Service，DoS）来收集远程网络的主机信息；而作为安全工具，SuperScan 能够帮助用户发现网络中的弱点。

7.2.6　入侵检测技术

随着个人、机构日益依赖于 Internet 进行通信、协作及销售，对安全解决方案的需求急剧增长。据统计，全球 80%以上的入侵来自于内部。防范网络入侵最常用的方法就是防火墙，但是防火墙是一种被动防御性的网络安全工具，仅仅使用防火墙是不够的。入侵检测系统针对防火墙做了有益的补充，能够在入侵攻击对系统发生危害前，检测到入侵攻击，并利用报警与防护系统驱逐入侵攻击；在入侵攻击过程中，能减少入侵攻击所造成的损失；在被入侵攻击后，收集入侵攻击的相关信息，作为防范系统的知识，添加到知识库内，增强系统的防御能力，避免系统再次受到入侵。

1）入侵检测系统的基本概念

入侵检测系统（Intrusion Detection System，IDS）是一种对网络传输进行即时监视，在发现可疑传输时发出警报或采取主动反应措施的网络安全设备。它与其他网络安全设备的不同之处在于，IDS 是一种积极主动的安全防护技术。入侵检测的过程是，监控在计算机系统或网络中发生的事件，再分析处理这些事件，检测出入侵事件。IDS 就是使这种监控和分析过程自动化的独立系统，既可以是安全软件，也可以是硬件。

2）入侵检测的基本功能

IDS 是计算机的监视系统，它通过实时监视系统，一旦发现异常情况就发出警告。IDS 根据信息来源的不同可分为基于主机 IDS 和基于网络的 IDS，根据检测方法的差异又可分为异常入侵检测和误用入侵检测。不同于防火墙，IDS 是一个监听设备，没有跨接在任何链路上，无须网络流量流经它便可以工作。因此，对 IDS 的部署，唯一的要求是，IDS 应当挂接在所有所关注流量都必须流经的链路上。所关注流量指的是来自高危网络区域的访问流量和需要进行统计、监视的网络报文。在如今的网络拓扑中，已经很难找到以前的集线器式的共享介质冲突域的网络，绝大部分的网络区域都已经全面升级到交换式的网络结构。因此，IDS 在交换式网络中的位置一般选择在尽可能靠近攻击源或尽可能靠近受保护资源的位置，这些位置通常是服务器区域的交换机上、Internet 接入路由器之后的第一台交换机上、重点保护网段的局域网交换机上。

3）入侵检测的分类

现有的入侵检测分类大多都是基于信息源和分析方法来进行的。

（1）根据信息源的不同，可分为基于主机型和基于网络型两大类。

基于主机型的 IDS：可监测系统、事件和 Windows NT 下的安全记录，以及 UNIX 环境下的系统记录。

基于网络型的 IDS：以数据包作为分析的数据源，通常利用一个工作在混杂模式下的网卡来实时监视并分析通过网络的数据流。

（2）根据检测所用分析方法的不同，可分为误用检测和异常检测。

误用检测：包含一个缺陷库并且检测出利用这些缺陷入侵的行为。

异常检测：异常检测假设入侵者活动异常于正常的活动。为实现该类检测，IDS 建立了正常活动的"规范集"，当主体的活动违反其统计规律时，认为可能是"入侵"行为。

7.3　企业网络安全问题分析

1. 提出问题

假设某企业的局域网是一个信息点较为密集的千兆局域网络系统，它所连接的现有上千个信息点为在整个企业内办公的各部门提供了一个快速、方便的信息交流平台。不仅如此，通过专线与 Internet 的连接，打通了一扇通向外部世界的窗户，各个部门可以直接与互联网用户进行交流、查询资料等。通过公开服务器，企业可以直接对外发布信息或发送电子邮件。高速交换技术的采用、灵活的网络互联方案设计为用户提供快速、方便、灵活通信平台的同时，也为网络的安全带来了更大的风险。随着 Internet 的急剧扩大和上网用户的迅速增加，风险变得更加严重和复杂。原来由单个计算机安全事故引起的损害可能传播到其他系统，引起大范围的瘫痪和损失；另外加上缺乏安全控制机制和对 Internet 安全政策的认识不足，这些风险正日益严重。

2. 分析讨论

针对这个企业局域网中存在的安全隐患，在进行安全方案设计时，下述安全风险我们必须要认真考虑，并且要针对面临的风险，采取相应的安全措施。

1）物理安全风险分析

网络的物理安全的风险是多种多样的。网络的物理安全主要是指地震、水灾、火灾等环境事故，电源故障，人为操作失误或错误，设备被盗、被毁，电磁干扰，线路截获，以及高可用性的硬件、双机多冗余的设计、机房环境及报警系统、安全意识等。它是整个网络系统安全的前提，在这个企业区局域网内，由于网络的物理跨度不大，只要制定健全的安全管理制度，做好备份，并加强网络设备和机房的管理，这些风险是可以避免的。

2）网络平台安全风险分析

网络结构的安全涉及网络拓扑结构、网络路由状况及网络的环境等。

规模较大网络的管理人员对 Internet 安全事故做出有效反应变得十分重要。我们有必要将公开服务器、内部网络与外部网络进行隔离，避免网络结构信息外泄；同时还要对外网的服务请求加以过滤，只允许正常通信的数据包到达相应主机，其他的请求服务在到达主机之前就应该遭到拒绝。

3）系统安全风险分析

系统的安全是指整个局域网网络操作系统、网络硬件平台是否可靠且值得信任。

网络操作系统、网络硬件平台的可靠性，就目前来说，恐怕没有绝对安全的操作系统可以选择，无论是 Windows NT 或其他任何商用 UNIX 操作系统，可以这样讲没有完全安全的操作系统。但是，我们可以对现有的操作平台进行安全配置、对操作和访问权限进行严格控制，以提高系统的安全性。

4）应用安全风险分析

应用系统的安全跟具体的应用有关，它涉及很多方面。应用系统的安全是动态的、不断变化的。应用的安全性也涉及信息的安全性，它包括很多方面。

应用的安全性涉及信息、数据的安全性，信息的安全性涉及机密信息泄露、未经授权的访问、破坏信息完整性、假冒、破坏系统的可用性等。由于这个企业局域网跨度不大，绝大部分重要信息都在内部传递，因此信息的机密性和完整性是可以保证的。对于有些特别重要的信息需要对内部进行保密的（如领导子网、财务系统传递的重要信息）可以考虑在应用级进行加密，针对具体的应用直接在应用系统开发时进行加密。

5）管理安全风险分析

管理是网络中安全最重要的部分。责权不明、管理混乱、安全管理制度不健全及缺乏可操作性等都可能引起管理安全的风险。责权不明、管理混乱使一些员工或管理员随便让一些非本地员工甚至外来人员进入机房重地，或者员工有意无意泄漏他们所知道的一些重要信息，而管理上却没有相应制度来约束。

当网络出现攻击行为或网络受到其一些安全威胁时（如内部人员的违规操作等），无法进行实时的检测、监控、报告与预警。同时，当事故发生后，也无法提供黑客攻击行为的追踪线索及破案依据，即缺乏对网络的可控性与可审查性。这就要求我们必须对站点的访问活动进行多层次的记录，及时发现非法入侵行为。

6）黑客攻击

黑客的攻击行动是无时无刻不在进行的，而且会利用系统和管理上的一切可能利用的漏洞。公开服务器存在漏洞的一个典型例证是黑客可以轻易地骗过公开服务器软件，得到 UNIX 的口令文件并将之送回。黑客侵入 UNIX 服务器后，有可能修改特权，从普通用户变为高级用户，一旦成功，黑客可以直接进入口令文件。黑客还能开发欺骗程序，将其装入 UNIX 服务器中，用以监听登录会话。当它发现有用户登录时，便开始存储一个文件，这样黑客就拥有了他人的账户和口令。这时为了防止黑客，需要设置公开服务器，使它不离开自己的空间而进入另外的目录。另外，还应设置组特权，不允许任何使用公开服务器的人访问 WWW页面文件以外的东西。在这个企业的局域网内我们可以综合采用防火墙技术、Web 页面保护技术、入侵检测技术、安全评估技术来保护网络内的信息资源，防止黑客攻击。

7）恶意代码

恶意代码不限于病毒，还包括蠕虫、特洛伊木马、逻辑炸弹和其他未经同意的软件，应该加强对恶意代码的检测。

8）病毒的攻击

计算机病毒一直是计算机安全的主要威胁。能在 Internet 上传播的新型病毒，如通过电子邮件传播的病毒，增加了这种威胁的程度。病毒的种类和传染方式也在增加，国际空间的病毒总数已达上万甚至更多。当然，查看文档、浏览图像或在 Web 上填表都不用担心病毒感染，然而，下载可执行文件和接收来历不明的电子邮件文件时需要特别警惕，否则很容易使系统受到严重的破坏。

9）不满的内部员工

不满的内部员工可能在 WWW 站点上开些小玩笑，甚至破坏。不论如何，他们最熟悉服务器、小程序、脚本和系统的弱点。对于已经离职的不满员工，可以通过定期改变口令和删除系统记录以减少这类风险。但还有心怀不满的在职员工，这些员工比已经离开的员工能造成更大的损失，如他们可以传出至关重要的信息、泄露安全重要信息、错误地进入数据库、删除数据等。

3. 反馈点评

通过前面我们对这个企业局域网络结构、应用及安全威胁分析，可以看出其安全问题主要集中在对服务器的安全保护、防黑客和病毒、重要网段的保护及管理安全上。因此，我们必须采取相应的安全措施杜绝安全隐患，其中应该做到以下几点。

（1）公开服务器的安全保护。
（2）防止黑客从外部攻击。
（3）入侵检测与监控。
（4）信息审计与记录。
（5）病毒防护。
（6）数据安全保护。
（7）数据备份与恢复。
（8）网络的安全管理。

思考与练习

一、选择题

1. 特洛伊木马攻击的威胁类型属于（　　）。
　　A．授权侵犯威胁　　　　　　　　B．植入威胁
　　C．渗入威胁　　　　　　　　　　D．旁路控制威胁

2. 如果发送方使用的加密密钥和接收方使用的解密密钥不相同，从其中一个密钥难以推出另一个密钥，这样的系统称为（　　）。
　　A．常规加密系统　　　　　　　　B．单密钥加密系统
　　C．公钥加密系统　　　　　　　　D．对称加密系统

3. 用户 A 通过计算机网络向用户 B 发消息，表示自己同意签订某个合同，随后用户 A 反悔，不承认自己发过该条消息。为了防止这种情况发生，应采用（　　）。
　　A．数字签名技术　　　　　　　　B．消息认证技术
　　C．数据加密技术　　　　　　　　D．身份认证技术

4. 保证数据的完整性就是（　　）。
　　A．保证 Internet 上传送的数据信息不被第三方监视和窃取
　　B．保证 Internet 上传送的数据信息不被篡改

C. 保证电子商务交易各方的真实身份

D. 保证发送方不能抵赖曾经发送过某数据信息

5. 下面的（　　）加密算法属于对称加密算法。

A. RSA　　　　　　B. DSA　　　　　　C. DES　　　　　　D. RAS

二、简答题

1. 简述目前网络面临的主要威胁及网络安全的重要性。

2. 什么是防火墙？防火墙应具备哪些基本功能？

3. 网络感染病毒的主要原因有哪些？

4. 网络加密算法的类型有哪些？什么是对称加密算法和非对称加密算法？

5. 列举几种著名的对称加密算法和非对称加密算法。

6. 什么是计算机病毒？计算机病毒具有哪些特征？计算机病毒的类型有哪些？

7. 明文为 We will graduate from the university after four years hard study（不考虑空格），试采用传统的古典密码体系中的 Caesar 密码（$k=3$）写出密文。

>>> 案例篇

第8章　计算机网络经典案例

8.1　交换技术经典案例

数据交换技术从简单的电路交换发展到二层交换，又从二层交换逐渐发展到今天成熟的三层交换。三层交换技术就是二层交换技术+三层转发技术，它解决了局域网中网段划分后，网段中子网必须依赖路由器进行管理的局面，解决了传统路由器低速、复杂所造成的网络瓶颈问题。

在交换网络中，我们在实现冗余的同时，经常因环路引发的广播风暴、多帧复制和 MAC 地址表抖动等问题导致网络不可用，而生成树协议和链路聚合是解决交换环路的有效方法。本章通过实际工程案例的方式，介绍并实践三层交换机、VLAN 路由、生成树协议、链路聚合等配置方法，解决不同部门子网之间的通信及冗余链路引起的网络问题。

8.1.1　利用三层交换机实现 VLAN 间路由

1. 案例描述

某企业有两个主要部门，技术部和销售部分处于不同的办公室，为了安全和便于管理，对两个部门的主机进行了 VLAN 的划分，技术部和销售部分处于不同的 VLAN，现由于业务的需求，需要销售部和技术部的主机能够相互访问，获得相应的资源，两个部门的交换机通过一台三层交换机进行了连接。

2. 思路分析

三层交换机具备网络层的功能，实现 VLAN 相互访问的原理是利用三层交换机的路由功能，通过识别数据包的 IP 地址，查找路由表进行选路转发，三层交换机利用直连路由可以实现不同 VLAN 之间的相互访问，三层交换机给接口配置 IP 地址，采用交换机虚拟接口（Switch Virtual Interface，SVI）的方式实现 VLAN 间互联。SVI 是指为交换机中的 VLAN 创建虚拟接口，并且配置 IP 地址。各部门连接组网拓扑如图 8-1 所示。

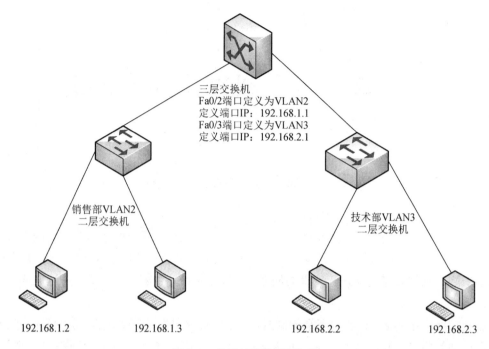

图 8-1　各部门连接组网拓扑

3. 处理过程

（1）定义销售部为 VLAN2、技术部为 VLAN3，两个部门 PC 所连接的交换机端口不需要配置。

（2）将销售部交换机、技术部交换机分别与三层交换机相连的端口 Fa0/2 与 Fa0/3 相连，定位为 Access 模式。

（3）在三层交换机上配置 VLAN2、VLAN3，分别将端口 2、端口 3 划到 VLAN2、VLAN3。

（4）设置三层交换机 VLAN 间的通信，创建 VLAN2、VLAN3 的虚拟接口，并配置虚拟接口 VLAN2 的 IP 地址为 192.168.1.1、VLAN3 的 IP 地址为 192.168.2.1。

（5）查看三层交换机路由表。

（6）将 VLAN2、VLAN3 下的主机默认网关分别设置为相应虚拟接口的 IP 地址。

4. 配置参考

（1）三层交换机配置 VLAN2、VLAN3：

```
Switch>en
Switch#conf t
Switch(config)#vlan 2          //划分 vlan 2
Switch(config-vlan)#exit       //退出 vlan 2 配置模式
Switch(config)#vlan 3          //划分 vlan 3
Switch(config-vlan)#exit       //退出 vlan 3 配置模式
Switch(config)#interface fa0/2 //进入 2 号端口的接口模式
```

```
Switch(config-if)#switchport access vlan 2   //将 2 号端口划分到 vlan 2
Switch(config-if)#exit
Switch(config)#interface fa0/3                //进入 3 号端口的接口模式
Switch(config-if)#switchport access vlan 3   //将 3 号端口划分到 vlan 3
Switch(config-if)#exit
Switch(config)#
```

（2）三层交换机 VLAN 间通信的配置：

```
Switch(config)#interface vlan 2       //创建 VLAN2 的虚拟接口
Switch(config-if)#ip address 192.168.1.1 255.255.255.0
                                      //配置虚拟接口 VLAN2 的 IP 地址
Switch(config-if)#no shutdown
Switch(config-if)#exit
Switch(config)#interface vlan 3       //创建 VLAN3 的虚拟接口
Switch(config-if)#ip address 192.168.2.1 255.255.255.0
                                      //配置虚拟接口 VLAN2 的 IP 地址
Switch(config-if)#no shutdown
Switch(config-if)#end
Switch#
```

（3）查看三层交换机路由表：

```
Switch#show ip route
Gateway of last resort is not set
C    192.168.1.0/24 is directly connected, Vlan2
C    192.168.2.0/24 is directly connected, Vlan3
```

5．案例总结

（1）二层交换机端口连接 PC 的端口出厂默认 IP 相同，能够通信，不需要配置。

（2）为 SVI 端口设置 IP 地址后，一定要使用 "no　shutdown" 命令进行激活，否则无法正常使用。

（3）如果 VLAN 内没有激活端口，相应 VLAN 的 SVI 端口将无法被激活。

（4）需要设置 PC 的网关为相应 VLAN 的 SVI 接口地址。

8.1.2　快速生成树及链路聚合

1．案例描述

某学校为了开展计算机教学和网络办公，建立了一个计算机教室和一个校办公区，这两处的计算机网络通过两台交换机互联组成内部校园网，为了提高网络的可靠性，网络管理员用两条链路将交换机互联，现要在交换机上做适当配置，使网络避免环路。

2. 思路分析

生成树协议的作用是在交换网络中提供冗余备份链路，并解决交换网络中的环路问题。生成树协议是利用生成树算法在存在交换环路的网络中生成一个没有环路的树型网络。运用该算法将交换网络冗余的备份链路逻辑上断开，当主要链路出现故障时，能够自动地切换到备份链路，保证数据的正常转发。生成树协议目前常见的版本有生成树协议（IEEE 802.1d）、快速生成树协议（IEEE 802.1w）、多生成树协议（IEEE 802.1s）。生成树协议的特点是收敛时间长。当主要链路出现故障以后，要切换到备份链路需要 50 s 的时间。快速生成树协议在生成树协议的基础上增加了两种端口角色：替换端口（Alternate Port）和备份端口（Backup Port），分别作为根端口（Root Port）和指定端口（Designed Port）的冗余端口。当根端口或指定端口出现故障时，冗余端口不需要经过 50 s 的收敛时间，即可直接切换到替换端口或备份端口，从而实现快速生成树协议小于 1 s 的快速收敛。链路聚合又称为端口聚合、端口捆绑，可以将交换机的多个低带宽端口捆绑成一条高带宽链路，实现链路负载平衡，避免链路出现拥塞现象。通过配置，可通过两个、3 个或 4 个端口进行捆绑，分别负责特定端口的数据转发，防止单条链路转发速率过低而出现丢包的现象。链路组网拓扑如图 8-2 所示。

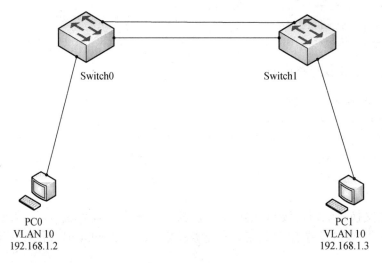

图 8-2　链路组网拓扑

3. 处理过程

1）快速生成树

（1）对交换机 A 进行基本配置。

（2）在交换机 A 上配置快速生成树。

（3）对交换机 B 进行基本配置。

（4）在交换机 B 上配置快速生成树。

（5）为两台 PC 配置 IP 地址。

（6）验证当交换机之间的一条链路断开时，两台 PC 机之间互相通信的情况。

2）链路聚合

（1）将交换机 LSW1 上的 1、2、3 端口以 active 方式加入 group1。

（2）交换机 LSW2 上的 6、8、9 端口为 trunk 口，以 passive 方式加入 group2。

（3）将以上对应端口分别用网线相连。

4. 配置参考

1）快速生成树配置

（1）对交换机 A 进行基本配置：

```
SwitchA(config)#vlan 10
SwitchA(config-vlan)#name sales
SwitchA(config-vlan)#exit
SwitchA(config)#interface fastEthernet 0/3
SwitchA(config-if)#switchport access vlan 10
SwitchA(config-if)#end
SwitchA#sh vlan id 10
```

（2）在交换机 A 上配置快速生成树协议：

```
SwitchA(config)# spanning mode pvst
SwitchA(config)#interface range fastethernet 0/1
SwitchA(config-if)#swit mode trunk
SwitchA(config)#interface range fastethernet 0/2
SwitchA(config-if)#swit mode trunk
SwitchA(config-if)#exit
```

（3）对交换机 B 进行基本配置：

```
SwitchB(config)#vlan 10
SwitchB(config-vlan)#name sales
SwitchB(config-vlan)#exit
SwitchB(config)#interface fastEthernet 0/3
SwitchB(config-if)#switchport access vlan 10
SwitchB(config-if)#end
SwitchB#sh vlan id 10
```

（4）在交换机 B 上配置快速生成树协议：

```
SwitchB(config)#spanning mode pvst
SwitchB(configan)#interface range fastethernet 0/1
SwitchB(config-if)#swit mode trunk
SwitchB(config)#interface fastEthernet 0/2
SwitchB(config-if)# swit mode trunk
SwitchB(config-if)#exit
SwitchB#
```

```
SwitchB#sh spanning-tree
```

（5）为两台 PC 配置 IP 地址，即 PC1 为 192.168.1.2、PC2 为 192.168.1.3。

（6）断开交换机之间的一条链路，用 ping 命令测试两台 PC 之间的互相通信情况。

2）链路聚合配置

```
Switch1#config
Switch1(Config)#interface eth0/0/1-3
Switch1(Config-Port-Range)#port-group 1 mode passive
Switch1(Config-Port-Range)#exit
Switch1(Config)#interface port-channel 1
Switch1(Config-If-Port-Channel1)#
Switch2#config
Switch2(Config)#port-group 2
Switch2(Config)#interface eth 0/0/6
Switch2(Config-Ethernet0/0/6)#port-group2 mode passive
Switch2(Config-Ethernet0/0/6)#exit
Switch2(Config)#interface eth 0/0/8-9
Switch2(Config-Port-Range)#port-group2 mode passive
Switch2(Config-Port-Range)#exit
Switch2(Config)#interface port-channel 2
Switch2(Config-If-Port-Channel2)#
```

3）配置结果

过一段时间后，shell 提示端口汇聚成功，此时 LSW1 上的端口 1、2、3 汇聚成一个端口 Port-Channel1，LSW2 上的端口 6、8、9 汇聚成一个端口 Port-Channel2，并且都可以进入汇聚接口配置模式进行配置。

5. 案例总结

（1）生成树的主要作用是避免环路，网络中有冗余、经常使用多条链路会产生环路、广播风暴、网络瘫痪等现象。注意：设计网络的时候千万不要忘记生成树的启动。

（2）链路聚合的主要作用是增加网络带宽，交换机之间使用 port-group 命令建立链路聚合，多用两条网线连接交换机，并把两台交换机连接的端口各自聚合在一起，能增加网络带宽。

8.2   网络可靠性经典案例

通过对前面几章的学习，我们了解了常用的各种网络协议，如 IP、TCP、UDP、SMTP 等。在大型的企业中，可能在同一网内使用到多种路由协议，为了实现多种路由协议之间能够相互配合、协同工作，需要使用路由重分布。同时在网络实际运行过程中，可能出现网速慢等问题，这时通过网络抓包分析工具，抓取各种数据包来分析当前网络存在的问题。Wireshark 是非常流行的网络封包分析软件，可以截取各种网络封包，显示网络封包的详细情况。本节以实际案例的方式，详细介绍路由器综合路由的配置方法，以及使用 Wireshark 抓包和看懂封包的详细信息的方法，进而判断相关问题。

8.2.1　路由器综合路由配置

1. 案例描述

假设某公司通过一台三层交换机连接到公司出口路由器 R1 上，路由器 R1 再和公司外的另一台路由器 R2 连接。三层交换机与 R1 间运行 RIPv2 路由协议，R1 与 R2 间运行 OSPF 路由协议。现要做适当配置，实现公司内部主机与外部主机之间的相互通信。

2. 思路分析

路由重分布是一种翻译，即把一种协议翻译成另一种协议。

为了支持本设备能够运行多个路由协议进程，系统软件提供了路由信息从一个路由进程重分布到另外一个路由进程的功能。例如，可以将 OSPF 路由域的路由重新分布后通告 RIP 路由域中，也可以将 RIP 路由域的路由重新分布后通告到 OSPF 路由域中。路由的相互重分布可以在所有的 IP 路由协议之间进行。公司内、外通信拓扑如图 8-3 所示。

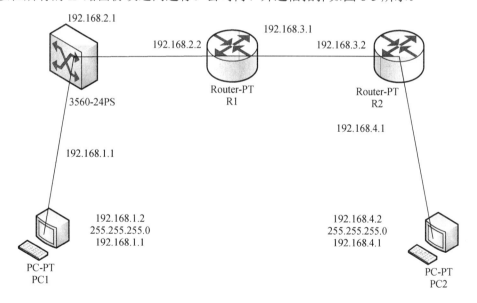

图 8-3　公司内、外通信拓扑

3. 处理过程

（1）在三层交换机上划分两个 VLAN，R1 运行 RIPv2 协议、R2 运行 OSPF 协议。

（2）路由器 R1 上左侧配置 RIPv2 路由协议，右侧配置 OSPF 协议。

（3）在 R1 路由进程中引入外部路由，进行路由重分布。

（4）将 PC 主机的默认网关分别设置为与直连线网络设备接口的地址。

（5）验证 PC 主机之间可以互相通信。

4. 配置参考

（1）在三层交换机上划分两个 VLAN

```
Switch>
Switch>en
Switch#conf t
Switch(config)#vlan2
Switch(config-vlan)#exit
Switch(config-if)#switch port access vlan 2
Switch(config-if)#exit
Switch(config)#int vlan 1
Switch(config)#ip address 192.168.1.1 255.255.255.0
Switch(config-if)#no shutdown
Switch(config-if)#exit
Switch(config)#int vlan 2
Switch(config-if)#ip address 192.168.2.1 255.255.255.0
Switch(config-if)#no shutdown
Switch(config-if)#end
Switch#show interfaces vlan 1
Switch#
Switch#conf t
Switch(config)#router rip
Switch(config-router)#network 192.168.1.0
Switch(config-router)#network 192.168.2.0
Switch(config-router)#version 2
Switch(config-router)#end
```

（2）路由器 R1 配置：

```
Router>en
Router#conf t
Router(config)#hostname R1
R1(config)#int fastEthernet 0/0
R1(config-if)#ip address 192.168.2.2 255.255.255.0
R1(config-if)#no shutdown
R1(config-if)#exit
R1(config)#int f 1/0
R1(config-if)#no shutdown
R1(config-if)#ip address 192.168.3.1 255.255.255.0
R1(config-if)#exit
```

```
R1(config)#router rip
R1(config-router)#network 192.168.2.0
R1(config-router)#network 192.168.3.0
R1(config-router)#version 2
R1(config-router)#exit
R1(config)#router ospf 1
R1(config-router)#network 192.168.3.0 0.0.0.255 area 0
R1(config-router)#end
```

（3）路由器 R2 配置：

```
R2>en
R2#conf t
R2(config)#hostname R2
R2(config)#interface f 1/0
R2(config-if)#ip address 192.168.3.2 255.255.255.0
R2(config-if)#no shutdown
R2(config-if)#exit
R2(config)#int f 0/0
R2(config-if)#ip address 192.168.4.1 255.255.255.0
R2(config-if)#no shutdown
R2(config-if)#exit
R2(config)#router ospf 1
R2(config-router)#network 192.168.3.0 0.0.0.255 area 0
R2(config-router)#network 192.168.4.0 0.0.0.255 area 0
R2(config-router)#end
```

（4）查看三层交换机：

```
Switch#show ip route
    C    192.168.1.0/24 is directly connected, Vlan1
    C    192.168.2.0/24 is directly connected, Vlan2
    R    192.168.3.0/24 [120/1] via 192.168.2.2, 00:00:02, Vlan2
```

（5）对 R1 路由器进行 RIP 和 OSPF 协议的重分布：

```
R1#conf t
R1(config)#router rip
R1(config-router)#redistribute ospf 1(进程号 1)
R1(config-router)#exit
R1(config)#router ospf 1
R1(config-router)#redistribute rip subnets
R1(config-router)#end
```

（6）查看 R2：

```
R2#show ip route
OE2 192.168.1.0/24 [110/1] via 192.168.3.1, 00:01:32, FastEthernet1/0
OE2 192.168.2.0/24 [110/1] via 192.168.3.1, 00:01:32, FastEthernet1/0
C    192.168.3.0/24 is directly connected, FastEthernet1/0
C    192.168.4.0/24 is directly connected, FastEthernet0/0
```

（7）查看交换机：

```
Switch#show ip route
C    192.168.1.0/24 is directly connected, Vlan1
C    192.168.2.0/24 is directly connected, Vlan2
R    192.168.3.0/24 [120/1] via 192.168.2.2, 00:00:26, Vlan2
R    192.168.4.0/24 [120/2] via 192.168.2.2, 00:00:26, Vlan2
```

5. 案例总结

（1）路由协议被重分布到另一种协议中，需要在接收重分布路由模式下配置命令"redistribute"。

（2）RIP 协议重发布其他协议时，必须制定 metric，metric 为度量值——跳数，它不能大于 15。

（3）配置"redistribute"命令时，必须加入 subnets 参数，不然只有有类路由才能重发布。

8.2.2　Wireshark 使用与抓包分析

Wireshark 的原名是 Ethereal，日常测试中，很多时候需要使用 Ethereal 进行抓包分析，但因无法准确地过滤出有效信息，所以分析起来十分花费时间。Ethereal 新版更名为 Wireshark，增加了一些新的特性，在易用性方面更好，通过对该工具的熟悉可以提高测试效率。Wireshark 主界面有 Menus（菜单）、Shortcuts（快捷方式）、Display Filter（显示过滤器）、Packet List Pane（封包列表）、Packet Details Pane（封包详细信息）、Dissector Pane（十六进制数据）、Miscellanous（杂项）。Wireshark 主界面如图 8-4 所示。

其中，Packet Details Pane 中是按照 OSI 分层结构来显示的，如图 8-5 所示。

使用 Wireshark 时最常见的问题是当使用默认设置时，会得到大量冗余信息，以至于很难找到自己需要的部分。因此 Wireshark 中存在两种过滤器，用以帮助我们在庞杂的结果中迅速找到我们需要的信息。两种过滤器的目的和使用的语法是完全不同的。

1. 捕捉过滤器

捕捉过滤器用于决定将什么样的信息记录在捕捉结果中，需要在开始捕捉前设置。捕捉过滤器是数据经过的第一层过滤器，它用于控制捕捉数据的数量，以避免产生过大的日志文件。

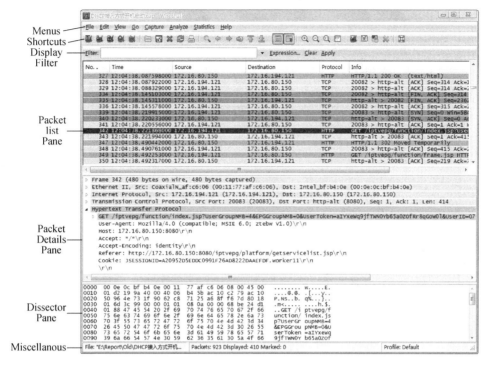

图 8-4　Wireshark 主界面

图 8-5　封包详细信息

捕捉过滤器必须在开始捕捉前设置完毕，这一点跟显示过滤器是不同的。

1）设置捕捉过滤器的步骤

（1）选择"Capture"→"Options"选项。

（2）在"Capture Filter"文本框中输入过滤器的名称并保存，以便在今后的捕捉中继续使用这个过滤器。

（3）单击"Start"按钮进行捕捉，如图 8-6 所示。

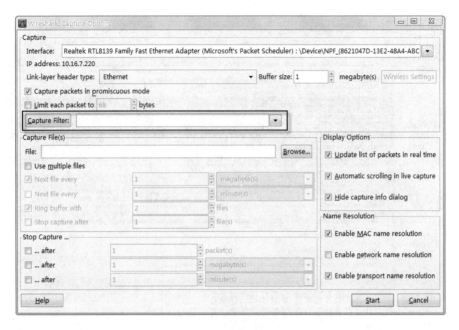

图 8-6　设置捕捉过滤器

2）捕捉过滤器的语法

捕捉过滤器的语法如表 8-1 所示。

表 8-1　捕捉过滤器的语法

语法	Protocol	Direction	Host(s)	Value	Logical Operations	Other expression
例子	tcp	dst	10.1.1.1	80	and	tcp dst 10.2.2.2 3128

（1）Protocol（协议）：如果没有特别指明是什么协议，则默认使用所有支持的协议。

（2）Direction（方向）：如果没有特别指明来源或目的地，则默认使用"src"或"dst"作为关键字。

（3）Host（s）：如果没有指定此值，则默认使用"host"关键字。

（4）Logical Operations（逻辑运算）：可能的值有：或（or）、与（and）、否（not）。否具有最高的优先级，或和与具有相同的优先级，运算时从左至右进行。

例如：

"not tcp port 3128 and tcp port 23"与"(not tcp port 3128) and tcp port 23"相同。

"not tcp port 3128 and tcp port 23"与"not (tcp port 3128 and tcp port 23)"不同。

捕捉过滤器语法实例如表 8-2 所示。

表 8-2　捕捉过滤器语法实例

语句	含义
tcp dst port 3128	显示目的 TCP 端口为 3128 的封包
ip src host 10.1.1.1	显示来源 IP 地址为 10.1.1.1 的封包

续表

语句	含义
host 10.1.2.3	显示目的或来源 IP 地址为 10.1.2.3 的封包
src portrange 2000-2500	显示来源为 UDP 或 TCP，并且端口号在 2 000～2 500 范围内的封包
not icmp	显示除了 ICMP 以外的所有封包（ICMP 通常被 ping 工具使用）
src host 10.7.2.12 and not dst net 10.200.0.0/16	显示来源 IP 地址为 10.7.2.12，但目的地不是 10.200.0.0/16 的封包
(src host 10.4.1.12 or src net 10.6.0.0/16) and tcp dst portrange 200-10000 and dst net 10.0.0.0/8	显示来源 IP 为 10.4.1.12 或来源网络为 10.6.0.0/16、目的地 TCP 端口号在 200～10 000 之间，并且目的位于网络 10.0.0.0/8 内的所有封包

2. 显示过滤器

显示过滤器可在捕捉结果中进行详细查找，并可以在得到捕捉结果后随意修改。它是一种更为强大（复杂）的过滤器，通过它可以在日志文件中迅速准确地找到所需要的记录。

通常经过捕捉过滤器过滤后的数据还是很复杂的，此时可以使用显示过滤器进行更加细致的查找。它的功能比捕捉过滤器更为强大，而且在想修改过滤器条件时，并不需要重新捕捉。

显示过滤器的语法如表 8-3 所示。

表 8-3　显示过滤器的语法

语法	Protocol	String 1	String 2	Comparison operator	Value	Logical Operations	Other expression
例子	ftp	passive	ip	==	10.2.3.4	xor	icmp.type

（1）Protocol：可以使用大量位于 OSI 模型第 2～7 层的协议。单击"Expression"按钮后，可以看到它们，如图 8-7 所示。

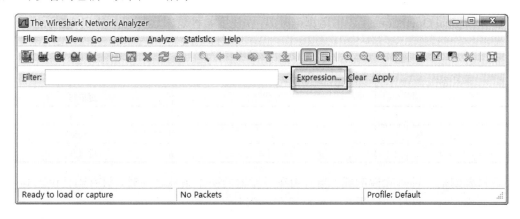

图 8-7　显示过滤器

（2）String 1、String 2（可选项）：协议的子类。单击相关父类扩展后，可以选择其子类，如图 8-8 所示。

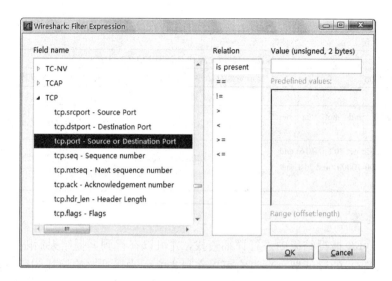

图 8-8　协议子类

（3）Comparison operator（比较运算符）：可以使用 6 种比较运算符，如表 8-4 所示。

表 8-4　比较运算符

英文写法	C 语言写法	含义
eq	==	等于
ne	!=	不等于
gt	>	大于
lt	<	小于
ge	>=	大于等于
le	<=	小于等于

（4）Logical Operations（逻辑运算符）：可以使用 4 种逻辑运算符，如表 8-5 所示。

表 8-5　逻辑运算符

英文写法	C 语言写法	含义
and	&&	逻辑与
or	||	逻辑或
xor	^^	逻辑异或
not	!	逻辑非

逻辑异或是一种排除性的或。当其用在过滤器的两个条件之间时，只有当且仅当其中的一个条件满足时，这样的结果才会被显示在屏幕上。

例如，"tcp.dstport 80 xor tcp.dstport 1025"，只有当目的 TCP 端口为 80 或来源于端口 1025（但又不能同时满足这两点）时，这样的封包才会被显示。

显示过滤器语法实例如图 8-6 所示。

表 8-6　显示过滤器语法实例

snmp || dns || icmp	显示 SNMP 或 DNS 或 ICMP 封包
ip.addr == 10.1.1.1	显示来源或目的 IP 地址为 10.1.1.1 的封包
tcp.dstport == 25	显示目的 TCP 端口号为 25 的封包
tcp.port == 25	显示来源或目的 TCP 端口号为 25 的封包
tcp.flags	显示包含 TCP 标志的封包
tcp.flags.syn == 0x02	显示包含 TCP SYN 标志的封包

如果过滤器的语法是正确的，则表达式的背景呈绿色；如果呈红色，说明表达式有误。

3．统计工具

Wireshark 提供了大量不同的统计工具，可以通过单击"Statistics"按钮，在弹出的下拉列表中找到它们，如图 8-9 所示。

（1）Summary：在综合窗口里可以看到全局的统计信息，如图 8-10 所示。

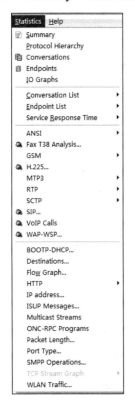

图 8-9　统计工具　　　　　　　　　　图 8-10　Summary

（2）Protocol Hierarchy：显示按照 OSI layer 分类后的统计数据，如图 8-11 所示。

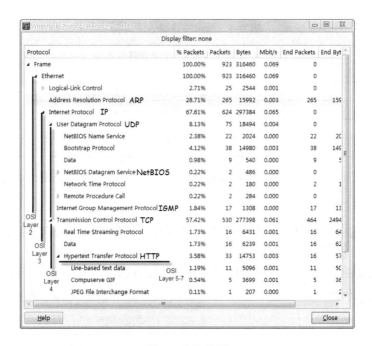

图 8-11　协议层

（3）IO Graphs：在这一项中，可以生成一些简单的输入输出图。还可以通过添加显示过滤器而生成新的图表，并将它们绘制在一起进行比较。

在下面的例子中，同时生成了"tcp"和"rtsp"数据的图表，如图 8-12 所示。

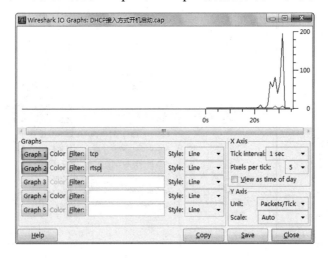

图 8-12　输入输出

4．案例分析

通过抓包分析，对电视机顶盒的原理进一步了解，并对电视机顶盒开机自动获得 IP 地址的过程进行分析。

（1）HTTP 分析：对于 HTTP 协议，同样可以通过 Follow TCP Stream 得到其交互信息，如图 8-13 所示。

图 8-13　HTTP 协议分析

还可以通过选择"HTTP"→"Request"选项，分析得到相应请求的文件，如图 8-14 和图 8-15 所示。

图 8-14　协议分析请求

图 8-15　协议分析请求文件

在图 8-16 中可以看到 172.16.61.32 提供的若干页面文件,以及 172.16.1.4 提供的升级配置文件和升级文件。

(2)DHCP 分析:DHCP 协议基于 BOOTP,因此显示过滤器需设置为 BOOTP,如图 8-16 所示。过滤后的结果如图 8-17 和图 8-18 所示。

图 8-16　设置显示过滤器

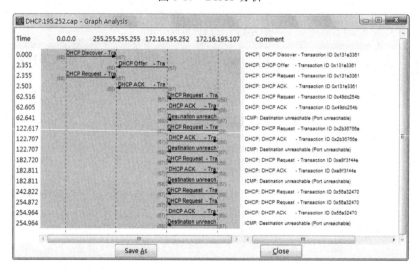

图 8-17　DHCP 分析

图 8-18　交互过程分析

从图 8-18 可以很清楚地看到,机顶盒首先发起广播 Discover 包（255.255.255.255 是全网广播地址）,随后 172.16.195.252 返回一个 Offer;机顶盒收到这个 Offer 后,发起广播的 Request 包,172.16.195.252 返回 ACK 包;之后机顶盒获得 172.16.195.107 这个地址,然后使用这个地址向 172.16.195.252 发起续约请求。

8.3　网络安全技术经典案例

网络安全是一门涉及计算机科学、网络技术、通信技术、密码技术、信息安全技术、应用数学、信息论等多门学科的综合性学科。网络上的威胁来自方方面面,包括网络攻击、病毒木马、伪基站、APT 攻击等。其中，网络攻击有主动攻击和被动攻击，被动攻击中包括窃听、欺骗、拒绝服务、数据驱动攻击等。ARP 病毒和报文攻击就是常用的欺骗和数据驱动攻击手段。ARP 病毒并不是某一种病毒的名称，而是利用 ARP 协议的漏洞进行传播的一类病毒的总称。ARP 协议是 TCP/IP 协议组的一个协议，能够把网络地址翻译成物理地址。通常此类攻击的手段有两种：路由欺骗和网关欺骗。

本节以 ARP 病毒欺骗网关导致无法上网和 UDP 报文攻击作为实际案例，详细介绍了问题发生的原因分析、处理过程及配置方法。

8.3.1　ARP 病毒攻击导致用户无法上网故障

1. 案例描述

在某校园网内，有学生反应拨号认证成功后获得了公网地址后，无法上网，严重的时候基本全校的学生都无法上网。

2. 组网拓扑

图 8-19 为某校园网组网图。

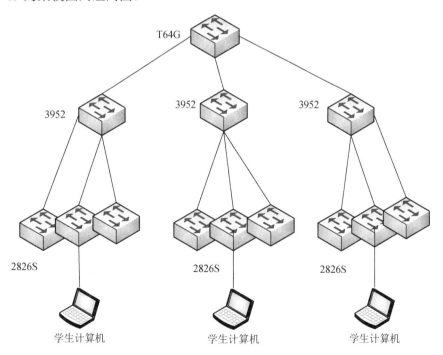

图 8-19　某校园组网拓扑

3. 思路分析

（1）首先在自己计算机 PC1（IP 地址为 10.30.0.22）上面 ping 网关 10.30.0.254，显示结果是无法 ping 通，在网关设备 T64G 上 ping 计算机的地址却可以 ping 通。

（2）假设 PC1 为合法上网用户，PC2 为非法攻击者，此时在计算机上面使用"arp –a"命令可以查询正确的网关地址，即 IP 地址为 T64G 的网关 IP，MAC 地址也是 T64G 的 MAC 地址。从这个方向来讲 ARP 信息是正确的。

（3）在 T64G 上使用"show arp"命令可以看出 IP 地址是 PC1 动态获取的 IP 地址，但是 MAC 地址已经变成了 PC2 的 MAC 地址，所以才导致 ARP 学习飘移。

正常情况下 PC1 在 T64G 上的 ARP 信息显示如下：

```
T64G#show arp 10.30.0.22
10.30.0.22  0  0021.865c.1656  vlan3000  3000  N/A  gei_1/9
```

但是在被攻击时，在 T64G 上的 ARP 信息则显示如下：

```
10.30.0.22  0  00e0.a015.9bc2  vlan3000  3000  N/A  gei_1/7  攻击者 1
10.30.0.22  0  0000.f078.f6e8  vlan3000  3000  N/A  gei_1/9  攻击者 2
10.30.0.22  0  00e0.a015.9bc2  vlan3000  3000  N/A  gei_1/7  攻击者 3
```

（4）PC1 上网认证成功后被分配一个公网地址 10.30.0.22，此时攻击 PC2（现实攻击者有 3 个）扫描到 PC1 的存在后，向网关 T64G 发出 ARP 报文源 MAC 为 PC2 MAC，源地址是 PC1 的地址 10.30.0.22。这种情况下，T64G 基于源 ARP 加载 PC2 发出的攻击报文到自己的 ARP 表项中，最终导致 PC1 发送正确的报文给 T64G 网关，但 T64G 网关却回送了错误的报文给攻击者，导致正常业务流被打断，从而影响了学生上网。

4. 处理过程

在 T64G 上添加命令来防范 ARP 攻击，原理为 T64G 作为 DHCP Server，用户认证后会被分配一个正确的动态地址，此时在 DHCP 租约到期里面，T64G 上会保持 DHCP Server User 的数据库，对于 T64G 还会学习动态 ARP 表项，使用新增命令达到 T64G 上的 DHCP Server 表项和 ARP 表项保持一致，从而防范攻击者蓄意攻击改变 T64G ARP 表项。

5. 配置参考

T64G 遭受 arp 攻击后需要新增的命令如下：

```
ip dhcp snooping enable      //需要开启 ip dhcp snooping 功能后才能使 arp 检测功
                               能生效
ip dhcp enable
ip dhcp ramble               //dhcp user 漫游功能
ip dhcp server update arp    //此命令将后续登录的用户变为静态 arp 类型
vlan 1
ip arp inspection
ip dhcp snooping
vlan 3000
ip arp inspection
ip dhcp snooping
```

经过观察及现场检测，使用以上功能后可以有效防止用户使用 arp 攻击网关并且防止用户私设 IP 地址。

6. 案例总结

（1）"ip arp inspection"命令在启用 DHCP Snooping 之后才生效，不能单独开启。

（2）"ip dhcp server update arp"命令可以将 Server 上 DHCP 申请到的 IP 地址写成静态 ARP，在配置这个命令之前的用户不会写成静态 ARP，只有在下线后再次申请才能写成静态 ARP。

（3）如果不启用 DHCP Snooping，则写静态 ARP "ip dhcp server update arp"，同时在 VLAN 下关闭 ARP 学习功能。这两个配置在没有用户在线时可以操作问题；如果有用户在线，则不能关闭 ARP 学习功能，否则在线用户的 ARP 不能更新，这样会导致用户找不到网关地址，网络连通会出问题。对于已经有用户在线的情况，只能是后续申请用户写静态 ARP，这样原在线用户如果受到静态配置用户的攻击，可以通过 DHCP 重新申请来避免攻击（不受攻击时可以正常使用），新申请地址用户不受静态配置的影响。

8.3.2 病毒导致网吧用户掉线故障

1. 案例描述

华为 3026 下面的网吧反映经常掉线，经查看 T64E 上连接华为 3026 的端口 gei_3/5 Output 流量异常，达到了 97 MB 左右，同时连接思科 12416 的上行口 gei_2/3 也出现了流量异常，Input 流量也达到了 520 MB 以上。

2. 组网拓扑

图 8-20 为某网络组网图。其中中兴 T64E 和思科 12416、华为 5200G 之间运行 OSPF 协议，与华为 5200F、3026 之间运行静态路由。T64E 上还配置了指向思科 12416 的默认路由，作为动态 OSPF 路由的备份。华为 3026 交换机下面下挂有 10 几个网吧，同还向下挂了一个网站服务器。

3. 思路分析

（1）初步定位：故障发生时，在 T64E 上有异常的端口有两个。

① 上行口 gei_2/3：这个端口连接思科 12416，该端口 Input 流量异常大，达到了 520 MB 以上；

② 下行口 gei_3/5：这个端口连接华为 3026，该端口 Output 流量异常大，达到了 97 MB 以上。

根据以上信息初步定位可能是思科 12416 发送给华为 3026 下面的某些用户异常数据包，很可能是病毒包。

（2）进一步定位。为了进一步验证病毒包的影响，我们在华为 3026 上对 3026 连接 T64E 的上行口 Eth0/24 做端口镜像抓包分析，抓包界面如图 8-21 所示。

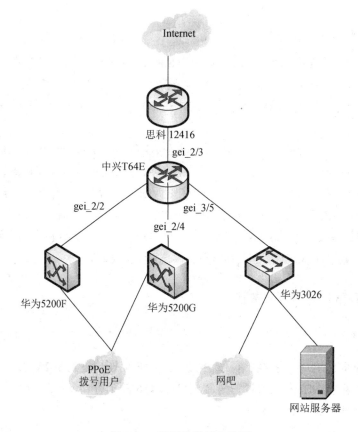

图 8-20　某网络组网拓扑图

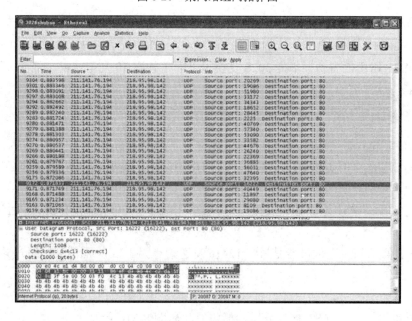

图 8-21　抓包界面

由图 8-21 可知，抓到了大量的 UDP 包，这些包具有以下特点。

① 目的端口都是 80。

② 源 IP 不固定。

③ 源端口不固定。

④ 数据帧长度统一为 1 042 B，UDP 封装的上层数据长度统一为 1 000 B。

⑤ 目的 IP 都是 218.95.98.142。

进一步了解到 218.95.98.142 这个 IP 对应的设备是一个网站服务器，主要是卖域名和空间的。一般的 WWW 业务端口是 80，但是属于 TCP 协议包，这里我们抓到的数据包目的端口是 80，但是属于 UDP 协议包，并且所有的包长度固定（UDP 协议中封装的上层数据都是统一的 1 000 B）。问题到目前为止基本可以定位是 218.95.98.142 的主机受到了来自外网的 UDP 报文攻击，而该攻击又占用了大量的端口带宽，进而影响了同样通过该端口上网的网吧用户。

4. 处理过程

找到了原因之后，解决方法应运而生，我们做一个访问控制列表，过滤掉这些病毒包即可。

5. 配置参考

```
Extended IP access list 101
deny udp any 218.95.98.142 0.0.0.0 eq 80
permit ip any any
```

把这个访问控制列表分别应用在上行口 gei_2/3 的 in 方向和下行口 gei_3/5 的 out 方向即可。应用之后，gei_3/5 和 gei_2/3 端口流量恢复正常，网吧用户上网恢复正常。

6. 案例总结

虽然故障原因多种多样，但总的来讲不外乎就是硬件问题和软件问题，即配置文件选项问题、网络协议问题和网络连接性问题。

针对可能爆发异常流量的端口应用访问控制列表过滤相应数据包，以控制流量。在网络设备上针对网络常见病毒配置访问控制列表，可一定程度地预防和减少网络故障产生的概率。

8.4　项目案例设计

信息化浪潮风起云涌的今天，智慧政务、智慧规划、智慧公安等智慧城市的建设如火如荼，而内部网络的建设作为信息化、智慧化的基础，已成为提高效率、提升服务水平的关键因素。各地政企网的建设已在普遍开展，通过网络技术，相关部门可以在横向兄弟单位、纵向上下级单位之间实现优化的信息沟通。本节以某个职能局为原型，通过具体的网络建设项

目为案例，详细介绍了如何给客户进行详细完整的网络建设方案设计，包括需求分析、建设目标、总体设计、详细设计及产品选型等。

8.4.1 项目概述

某职能局外网网络依托于原有的网络基础，始建于 2001 年。随着政务公开及应用管理系统的快速发展，2005 年进行了一次升级。2015 年职能局网站升级改版，为确保网站的安全性和稳定性，同时保障外部用户访问网站的方便快捷，网站从原来所在的对外服务区独立出来，网络结构发生了一定的变化。目前的网络设备老化严重，网络安全防范手段弱，缺乏综合的系统管理平台，网络结构不能满足局内业务扩展的需求。

8.4.2 用户需求分析

1. 公司现状拓扑图分析

公司现状拓扑图如图 8-22 所示。

主办公区包括核心区、楼层接入、对内服务区、对外服务区、新网站区、新网站备份区、安全管理区、Internet 接入（4 出口）区、专线、住宅区宽带接入等；分办公区包括办公终端（需访问主办公区应用），有自己的 Internet 出口，可能有自己的应用服务器。

1）核心区、楼层接入和应用接入

核心区为 1 台思科 6509，大部分二层接入思科 2948（10 台），少量楼层接入 3550（B楼，4 台，未启用三层），应用服务区以 3550 交换机接入核心 6509，部分直接接入核心。

2）Internet 边界

（1）电信 100 Mb/s（提供新网站区访问），同时支撑下属单位的联网办公应用，用 Radware公司的链路负载均衡工具 Linkproof 提供负载均衡，部署防火墙和入侵防御系统（Intrusion Prevention System，IPS），同时安全套接层协议（Secure Socket Layer，SSL）的 VPN 用于移动办公接入。

（2）电信 10 Mb/s（访问 Internet），部署防火墙和 IPS。

（3）电信 10 Mb/s（领导专用），部署防火墙。

3）其他边界和接入

包括分办公区接入、到公安部视频专线及南线阁住宅区 VDSL 接入。

4）路由和地址

各功能区基本上以二层接入核心，无路由相关策略，终端以 DHCP 获得地址。

5）终端

终端无认证，任意接入；对访问资源无控制。

6）业务区域

（1）对内服务区：辅助决策分析系统、OA 系统等。

（2）对外服务区：外部网站、短信平台、电子邮件等。

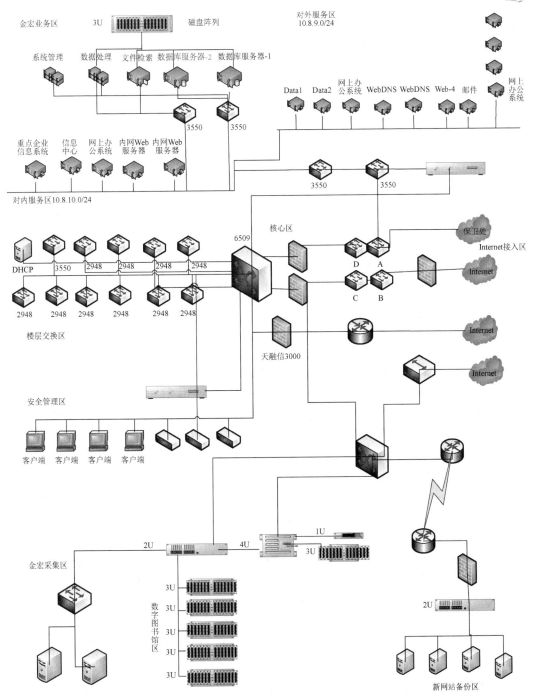

图 8-22　公司现状网络拓扑

（3）新网站区：土地巡查监控、规划报建等。

（4）新网站备份区：VOD 等。

（5）安全管理区：防病毒服务器、管理终端等。

7）安全

边界部署了防火墙和 IPS；有防病毒服务器；对外的网站所使用的信息安全等级保护为三级；对内部用户视为可信用户，无控制措施。

8）管理

设备、系统管理各自独立，无统一管理手段；廉政预防监察管理系统还在建设中。

2. 网络结构存在的问题

1）网络结构不尽合理，可扩展性差

目前该职能局现有的网络结构设计不尽合理，网络瓶颈和单点故障较多，区域设计不完整，经常容易出现业务系统上线不知道该放置什么区域才够安全合理的状况。有些设备（如防火墙）负载过重，对外与其他部门构建的共享信息平台的互联互通也因为结构简单、安全管理手段薄弱等原因而不利于网络的扩展和延伸。为了提高业务管理水平，该局已经陆续启动了规划管理系统等重点工程项目。目前的网络结构和环境，无法为这些重点项目提供必要的支撑和保障。

2）核心设备老化严重，设备可靠性低

目前网络里的绝大部分核心网络和安全设备均购置于 2005 年，已超过了保修期，设备老化严重，增大了网络维护的难度，设备经常出现停止工作的状况。

核心交换机思科 6509 因为主引擎出现硬件故障，由原来的主备引擎工作的模式变成了单引擎模式。一旦该引擎出现故障，整个网络将陷入瘫痪状态。楼层交换机也因设备老化，经常出现风扇和电源故障。DHCP 服务器用来进行网络的 IP 地址自动分配，该服务搭建在一台惠普服务器上，内存为 8 GB，由于设备的老化和故障率的不断上升，已经严重影响局内正常业务的开展。

3）网络安全防范手段弱，存在严重安全隐患

该局网络的安全基础措施仅配置了防火墙、入侵检测和防病毒系统。抵御恶性攻击、缓冲区溢出攻击、网络蠕虫攻击、木马后门攻击等入侵事情的防范手段薄弱。

任何用户终端都可以通过自动获取地址的方式随意接入网络中，不需要进行任何身份的鉴定和认证，网络安全存在一定的隐患。信息中心对上网人员无法进行有效的控制和管理。此外，用户经常需要在一定范围内共享和交换工作文件，一旦采用网络邻居的共享方式，任何用户都可以访问到，用户工作文件的安全性将无法得到保障。

天融信 3000 系列防火墙，每秒的 HTTP 并发链接数仅支持 2 000 个，网络访问高峰期常容易造成网络拥塞而致使访问中断。遇到恶性攻击或是蠕虫病毒等事件，防火墙经常出现响应时间慢而死机等状态。

随着国家对政务信息化和服务化不断提出更高的要求，相关的信息化系统将会不断深入与完善，而对这些系统的安全防护更是至关重要。同时，近期国家也对政府机关网络安全提出了更高的要求，而当前的安全措施根本无法满足以上要求，必须尽快建立新的安全体系。

4）缺乏综合的系统管理平台

用户终端管理手段欠缺，终端设备的随意接入给网络系统管理和维护带来了极大的困难。网络无法实现补丁升级等有效的终端管理，用户终端的维护工作量相当大。尤其在蠕虫

病毒爆发期间，技术人员经常出现救火状态，工作效率低。有时技术人员发现网络内某些终端有恶性攻击行为，却没有技术管理手段可以去控制，工作非常被动。

网络管理的技术手段非常薄弱。出现网络故障时，缺乏科学判断故障点的依据，技术人员往往依靠经验来判断网络出现故障的原因。完全不具备故障提前预警和报警等功能，有时甚至会出现故障自动恢复后，查找不出原因的现象。此外，由于互联网出口带宽有限，不同科室用户对带宽的需求不同，目前的网络无法实现有效的带宽和流量管理，以达到资源利用的最大化。单链路无法做到负载均衡，无法实现动态的链路切换，存在严重的单点故障。

5）网络及系统资源急需整合

近两年随着该局信息化建设脚步的加快，局内各业务系统及对外服务网站系统应用发展迅速。因网络设备陈旧、管理手段落后和网络架构的不合理等原因，新建的业务系统均临时放置在新网站区。不利于统一的管理和维护。新网站区内的应用系统即使开辟了两条 10 Mb/s 出口链路，可用户在办公时间集中访问时速率依然很慢。开通的网络出口链路资源小而多，链路维护过于繁杂，而部分线路资源（领导专线）会出现闲置的现象。

6）邮件系统体系结构不合理，缺乏系统备份

电子邮件系统是局内工作人员进行邮件交换、机关对外进行业务数据收集的重要手段。该系统 2006 年启运，随着业务的发展和规模的扩大，系统无论在技术服务、软件功能、存储容量及安全方面已经不能满足实际办公业务的需要。

2012 年该系统纳入规划管理信息化建设五年规划当中，但由于资金方面的原因未能马上启动该项目，因此临时新购置了一台 IBM X3650 服务器，对原有的邮件系统软件进行版本升级，增加了反垃圾邮件模块和网络硬盘功能，升级了邮件防病毒模块。但邮件系统体系结构依然不合理，存在单点运行故障。系统可靠性不高，各种应用、数据库及数据存储均运行在一台服务器上。需要重新设计系统架构及部署方式。

3. 网络改造需求

鉴于以上问题，该职能局在信息化项目建设中需要实现以下目标。

（1）升级网络的核心层和汇聚接入层，建立一个高性能、先进、灵活、可靠的企业办公网络，对内连接下属的区县职能部门，同时对外连接政务外网、Internet 和共享服务平台。网络既可以满足现阶段的需要，又可以根据未来的发展方便地进行扩展，满足新的需求。

（2）实现内、外网的逻辑隔离，增强网络的抵御能力和反黑能力，防止黑客入侵。

（3）完善企业网网络中心对上 Internet、政务内网和政务外网，对下分局、县局、部门、分办公区的网络连接。

（4）建立强大的用户上网认证、管理系统，突破原有各种局限，同时依据办公网内外用户的不同、重要程度的不同、服务权限的不同及数据流类型的不同等制定相应的服务质量、服务策略，实现网络流量更合理的控制和匹配。

（5）专网接入层网络结构的调整，既保障分办公区与主办公区的互访，同时又合理地接入政务内网与政务外网。

（6）建立一个较完善的办公信息应用系统，包括网站、办公自动化、办公管理、业务审批、邮件管理、信息数据安全管理等，全面提升本单位的整体信息管理水平。

（7）应用最新的网络应用技术，如 IP 电话、视频会议、数字电视、双向闭路电视系统等，即使现阶段无法完全实施，也可保证在未来几年内予以支持。

（8）构建完善的数据备份系统，实现服务器上的重要敏感数据的实时自动备份。

（9）引入 IPv6 的网络平台。

（10）完善网络运行、管理平台，能够更好地完成本企业的整个网络系统各个节点的日常管理、运行、维护等工作。

8.4.3 建设目标及设计原则

1. 总体目标

将现有的网络环境重新规划成一个综合的可管理、可监控的安全高效网络平台。提高网络的运行性能，提升网络的可靠性、安全性，实现网络的可扩展性。提升用户对外访问互联网及外部用户对局内网站的访问速度。

2. 设计原则

1）高可靠性

网络系统的稳定可靠是应用系统正常运行的关键保证，在网络设计中选用高可靠性网络产品，合理设计网络架构，制定可靠的网络备份策略，保证网络具有故障自愈的能力，最大限度地支持各个系统的正常运行。

2）技术先进性和实用性

保证满足系统业务的同时，又要体现出网络系统的先进性。在网络设计中要把先进的技术与现有的成熟技术和标准结合起来，充分考虑到该局网络应用的现状和未来发展趋势。

3）高性能

承载网络性能是网络通信系统良好运行的基础，设计中必须保障网络及设备的高吞吐能力，保证各种信息（数据、语音、图像）的高质量传输，才能使网络不成为该职能局各项业务开展的瓶颈。

4）标准开放性

支持国际上通用标准的网络协议、国际标准的大型动态路由协议等开放协议，有利于保证与其他网络（如公共数据网、金融网络、行内其他网络）之间的平滑连接互通，以及将来网络的扩展。

5）灵活性及可扩展性

根据未来业务的增长和变化，网络可以平滑地扩充和升级，最大限度地减少对网络架构和设备的调整。

6）可管理性

对网络实行集中监测、分权管理，并统一分配带宽资源。选用先进的网络管理平台，具有对设备、端口等的管理、流量统计分析，以及可提供故障自动报警。

7）安全性

制定统一的骨干网安全策略，整体考虑网络平台的安全性。

8.4.4　网络系统总体设计

1．网络系统设计

根据需求，我们建议该职能局网络采用两层结构，将整个局域网分为核心层、汇聚接入层。核心层实现高速交换及内部路由的处理，汇聚接入层实现所有接入用户的流量汇聚并为桌面客户机提供 100/1 000 Mb/s 自适应以太网连接。核心层采用万兆以太网路由交换技术，以及到接入层的骨干连接全部采用千兆以太网连接。

结合现有先进的网络技术，采用局域网主流设计，详细对整个系统分析，提供高可靠、高性能的网络骨干，并为服务器、桌面节点提供高带宽连接，支持包括数据及视频等多种多媒体宽带应用，并为网络未来的扩充和升级预留出空间。局域网支持与光通信网络平台的互联互通，并实现与 Internet 的互联。

2．服务器系统设计

该局网络系统应配置管理应用服务器、认证服务器、办公系统服务器、Web、FTP、域名服务器、各种数据库服务器等，并为实时监测、应用提供平台。

3．网络安全设计

系统要求有充分的安全防护措施，以保障服务的可用性和网络信息的完整性。本设计把物理安全、网络安全、系统安全、数据库安全、数据安全及安全管理规章制度作为一个系统工程来考虑，针对网络安全的各个层次，选用相应的先进技术、产品，并提出配套的管理机制，从总体上保证系统的安全。

4．网络管理设计

网络运营水平的高低很大程度上取决于网络管理水平，对网络中心精心规划设计，引入先进的网络管理技术和设备，有利于提高网络管理水平，保证网络系统的可靠运行。本设计对网管职能进行细分，从设备管理及系统资源管理多个层次提出可行的网管中心设计。

8.4.5　网络系统详细设计

1．总体网络拓扑结构

1）网络拓扑结构的原则

对于网络结构的划分，我们采用以下原则。

（1）功能相似、资产价值相似属于同一区域。

（2）功能存在差异、资产价值相似，对可以提炼出功能中共同的属性的资产同属一个区域，对于不能提炼出共性的资产划分到不同区域。

（3）功能相似、资产价值存在差异，可以判断威胁来源和影响程度，对于威胁来源和影响相似的资产同属一个区域，不同程度的划分到不同区域。

（4）功能存在差异、资产价值存在差异，划分为不同区域。

计算机网络原理与应用

（5）整合系统到同一外部网络的所有物理边界。

该职能局改造后的整个数据网络应采用两层网络结构，即核心层、汇聚接入层。逻辑区域拓扑图如图 8-23 所示，网络整体拓扑图如图 8-24 所示。

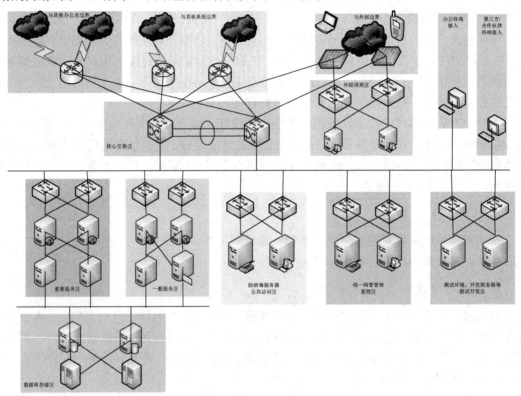

图 8-23　逻辑区域拓扑

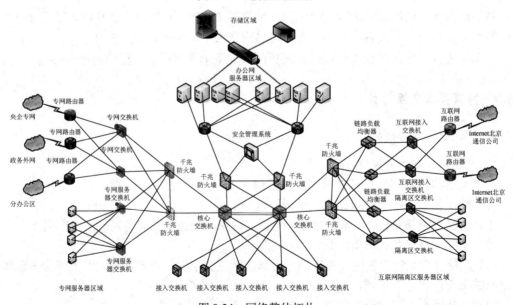

图 8-24　网络整体拓扑

2）核心层

数据网主干网络设备采用交换机进行组网，配置两台高性能核心三层交换机；核心交换机之间通过千兆链路连接，采用冗余技术同时实现冗余热备份和负载分担；完成各汇聚节点与核心节点及各汇聚节点之间的数据高速路由转发，以及各节点园区网的业务汇聚。核心层为下层提供优化的数据传输功能，它是一个高速的路由交换骨干，其作用是尽可能快地交换数据包，满足汇聚接入节点与核心节点之间高速通信的需要。为保证本项目未来规模庞大、业务众多的特点，核心交换机应具备尽可能强大的性能、业务功能扩展和支持、高密度万兆及千兆端口接入的扩展能力。为了支撑整个网络流量管理的要求，核心交换机应支持网络流量统计协议功能。为满足未来网络发展趋势，核心交换机（包含各业务板）必须支持 IPv6。

3）汇聚接入层

每个汇聚接入节点的交换机通过两个千兆光口与两台核心交换机相连，构成双核心、双归属的骨干网络。汇聚接入层提供基于统一策略的互联性，它是核心层和终端用户的分界点，定义了网络的边界，对数据包进行复杂的运算。在整个网络环境中，汇聚接入层主要提供如下功能：部门和工作组的接入和汇聚、VLAN 的路由、安全控制等。各汇聚接入层交换机采用高性能的三层交换机，分别通过两个千兆光口与核心交换机相连接，通过基于热备份交换技术的快速链路切换确保两条链路的负载均衡和快速热备份切换。考虑到整个网络的多业务隔离安全性的要求，汇聚交换机应支持 802.1x 等相关认证及网络准入控制。办公网服务器区域通过两台千兆防火墙接入核心交换机，在服务器区域分为多个子网，子网分配原则尽可能是在不改变原有服务器 IP 地址的基础上重新划分子网。子网的划分可初步按照业务应用情况和数据库与其他应用服务器分开相结合的设计来考虑服务器区域子网的划分，划分子网可以减少广播风暴，而且还可以利用访问控制列表部署相应的策略，以提高服务器区域的安全性。

4）广域网

需要通过同步数字系列（Synchronous Digital Hierarchy，SDH）线路和央企单位、政务外网及分办公区进行互联。互联处采用双千兆防火墙进行安全隔离，并将相关专网服务器集群部署在该防火墙的隔离区域，以提高专网服务器数据的高效访问及安全防护。

5）互联网出口

作为整个数据网络的互联网出口，其可靠性和性能至关重要。为保证网络出口的安全性，在互联网的出口部署两台千兆防火墙。防火墙支持 A-A 热备份，同时该设备集成防火墙、防病毒、VPN、入侵防御、Web 过滤、垃圾邮件等功能。另外互联网出口还需要配置流量管理系统，可以识别各业务流量，并且可以制定基于时间的流量控制策略。在互联网出口及互联网 DMZ 区域分别部署负载均衡设备，以提供链路和服务器的负载均衡，合理应用网络资源。

6）网络准入控制系统

实现对所有终端的用户授权、认证、终端健康状况扫描、隔离修复等。

7）网络与安全管理

配置一套网络管理系统及一套安全管理系统，对全网交换、安全等设备进行统一监控、配置和管理。

2. 路由协议规划设计

1）选择原则

对一个大中型网络来说，选择一个合适的路由协议是非常重要的。不恰当的路由选择有时对网络是致命的，路由协议对网络的稳定高效运行、网络在拓扑变化时的快速收敛、网络带宽的充分有效利用、网络在故障时的快速恢复、网络的灵活扩展都有很重要的影响；且对于网络承载的业务的控制方面的复杂和灵活方面也具有很重要的影响。

该职能局网络规模较大、结构复杂、业务流程控制严格等。需要的路由协议是适合较大型网络、收敛时间快、路由策略丰富，并且是标准化容易扩展。选择适当的路由协议需要考虑以下因素。

（1）路由协议的开放性：开放性的路由协议保证了不同厂商都能对本路由协议进行支持，这不仅保证了目前网络的互通性，而且保证了将来网络发展的扩充能力和选择空间。

（2）网络的拓扑结构：网络拓扑结构直接影响协议的选择。例如，RIP 这样比较简单的路由协议不支持分层次的路由信息计算，对复杂网络的适应能力较弱。路由协议还必须支持网络拓扑的变化，在拓扑发生变化时，无论是对网络中的路由本身，还是网络设备的管理都要使影响最小。

（3）网络节点数量：不同的协议对于网络规模的支持能力有所不同，需要按需求适当选择，有时还需要采用一些特殊技术解决适应网络规模方面的扩展性问题。

（4）与其他网络的互联要求：通过划分成相对独立管理的网络区域，可以减少网络间的相关性，有利于网络的扩展，路由协议要能支持减少网络间的相关性，通常划分为一个自治系统（Autonomous System，AS），在 AS 之间需要采用适当的区域间路由协议。必要时还要考虑路由信息安全因素和对路由交换的限制管理。

（5）管理和安全上的要求：通常要求在可以满足功能需求的情况下尽可能简化管理。但有时为了实现比较完善的管理功能或为了满足安全的需要，如对路由的传播和选用提出一些人为的要求，就需要路由协议对策略的支持。

2）路由协议的选择

根据网络的优化设计策略，在选择及规划路由协议时需要按照这些因素进行考虑和设计。目前常用的路由协议有静态和动态两种，静态路由协议相对简单，而动态路由协议则相对复杂，如 RIP、OSPF、IS-IS、BGP 等。动态路由协议一般可分为内部网关路由协议和外部网关路由协议，其中内部网关路由协议又可以分为距离矢量路由协议（如 RIP）、链路状态路由协议（如 OSPF 和 IS-IS 等）；外部网关路由协议主要指的是 BGP 路由协议。

在内部网关协议的选择上，距离矢量路由协议的主要特点是适合于小型网络及路由收敛较慢、可能会形成路由环路、链路带宽消耗较大等网络。不要采用扩展性差的（如 RIP）路由协议，尽量采用 OSPF 或 IS-IS。

基于对于该职能局集成网络和路由协议分析，可使用动态路由协议与静态路由协议相结合的方式（即核心层与汇聚层之间启用动态路由，网络出口应用静态路由）进行网络路由的自适应调节。动态路由建议使用 OSPF 路由协议进行路由设置，使用 OSPF 协议有以下优点。

（1）OSPF 路由协议使用链路状态触发更新机制，在本地进行路由的计算。网络一旦产生故障，网络收敛时间短，可以迅速恢复网络通信。

（2）对网络地址规划的依从性上看，OSPF 协议支持 VLSM 的路由广播方式。可以实现 IP 地址的详细规划和更合理的利用。

（3）OSPF 协议使用链路触发更新机制，在网络收敛时，只发送相关链路状态信息，在设备本地进行路由表的重新计算。发送数据量小，带宽占用量低。

（4）OSPF 协议可实现最大 6 条路径的流量负载均衡，可以按照实际需求实现流量分配。

（5）OSPF 协议是一个结构化、层次分明的路由协议，适合网络中心的结构环境。同时，在网络扩展的过程中，可以实现网络模块的隔离，减少故障影响范围。

（6）OSPF 协议是国际标准的路由协议，所有主流厂商均可以实现在多厂商不同的设备上，通过 OSPF 协议实现网络的联通。选用 OSPF 协议，可以避免以后网络扩容升级的局限性。

3．IP 地址、VLAN 规划及域名分配

1）IP 地址规划

对于该职能局这样较大型的、比较复杂的网络，必须对 IP 地址进行统一规划并得到实施。IP 地址规划的好坏，影响到网络路由协议算法的效率、网络的性能、网络的扩展、网络的管理和网络应用的进一步发展。

网络 IP 地址规划的目标是通过对全网 IP 地址进行统一的规划和编码，有效实现网络互联，提高信息交换效率，为网络的顺利运行和业务扩展奠定基础。

2）设计原则

IP 地址空间分配，要与网络拓扑层次结构相适应，既要有效地利用地址空间，又要体现网络的可扩展性和灵活性，同时能满足路由协议的要求，以便于网络中的路由聚类，减少路由器中路由表路由的数量和长度，减少对路由器 CPU、内存的消耗，降低网络动荡程度，隔离网络故障，提高路由算法的效率，加快路由变化的收敛速度，同时还要考虑到网络地址的可管理性。具体分配时要遵循以下原则。

（1）唯一性：一个 IP 网络中不能有两个主机采用相同的 IP 地址。

（2）简单性：地址分配应简单且易于管理，降低网络扩展的复杂性，简化路由表的表项。

（3）连续性：连续地址在层次结构网络中易于进行路径叠合，大大缩减路由表，提高路由算法的效率。

（4）可扩展性：地址分配在每一层次上都要留有余量，在网络规模扩展时能保证地址叠合所需的连续性。

（5）灵活性：地址分配应具有灵活性，以满足多种路由策略的优化，充分利用地址空间。

IP 地址规划应该是网络整体规划的一部分，即 IP 地址规划要和网络层次规划、路由协议规划、流量规划等结合起来考虑。IP 地址的规划应尽可能和网络层次相对应，应该是自顶向下的一种规划。

3）详细 IP 地址规划

根据目前该局的 IP 地址规划情况做如下具体建议。

总体原则：对于整个职能局网络的 IP 地址使用，IP 地址的规划应尽可能和网络层次相

对应，应该是自顶向下尽量按照一定顺序规划。

（1）服务器的 IP 地址段：由于该单位的应用服务器较多，而且服务器的 IP 地址是比较固定的，网络建成后服务器的 IP 地址段将根据应用进行手动划分。例如，数据库类为 10.1.1.x，应用类为 10.1.2.x，以此类推，一种类型为一个 C 类网段，这样不但便于管理而且易于扩展。

（2）局域网客户端的 IP 地址段，要根据 VLAN 的划分情况而定，按照物理位置的方法划分 VLAN，局域网客户端将根据 VLAN 定义自己的 IP 地址段，必要时在某些特殊部门将实施 IP 地址与 MAC 地址绑定，从而更好地保护网络的安全，提高网络安全从客户端控制的意识。

（3）管理网络设备的 IP 地址段要单独规划，不要和局域网用户的 IP 地址混在一起。例如，专门划出一个 C 类地址空间作为网络设备的网管地址。

4）IP 地址分配

该局的局域网建成后用户将通过手动与动态方式获得 IP 地址，局域网内部署两台 DHCP 服务器，互为备份，当一台 DHCP 服务器出现故障时，局域网用户仍可通过另一台 DHCP 服务器获得 IP 地址。

网络建成后，采用手动的方式为用户终端配置 IP 地址并进行相关的 MAC 地址绑定，在需要自动获取 IP 的区域将由 DHCP 服务器给该区域用户分配 IP 地址。对于局域网用户和 DHCP 服务器不在同一个网段的情况，由于核心交换机支持 DHCP 中继的功能不会影响 DHCP 的应用，无线用户可通过无线访问接入点控制器实现 DHCP 功能，从而给无线用户分配 IP 地址。

5）VLAN 规划

根据该职能局的实际情况，对其局域网 VLAN 的划分如下。

以局域网用户的部门作为划分 VLAN 的主要依据，如果部门人员较多还可再划分；根据 IP 地址段划分 VLAN，如地址段为 10.1.10.x 对应的 VLAN ID 为 10，地址段为 10.1.12.x 对应的 VLAN ID 为 12；对于特殊用户要考虑单独划分（如高级领导或财务等部分）；服务器区域可根据应用不同进行规划，如数据库服务器、应用服务器考虑规划在不同的 VLAN 内。

IP 地址及 VLAN 分配示例如表 8-7 所示。

表 8-7　IP 地址分配

部门	说明	IP 地址分配	所属 VLAN	网关
业务科室	接入交换机	10.1.11.0/24	11	10.1.11.254
人事	接入交换机	10.1.12.0/24	12	10.1.12.254
信息中心	接入交换机	10.1.13.0/24	13	10.1.13.254
……	接入交换机	10.1.x.0/24	x	10.1.x.254

4．网络安全及技术

办公网采用 TCP/IP 协议作为主要网络协议，TCP/IP 的开放性是其优点，同时也因此带来了安全性缺乏问题，网络安全成为各行业使用网络技术必须要面对的一个实际问题。目前，网络上存在着各种类型的攻击方式，主要包括以下几种。

1）网络级攻击

（1）窃听报文：攻击者使用报文获取设备，从传输的数据流中获取数据并进行分析，以获取用户名/口令或敏感的数据信息。特别是通过 Internet 的数据传输，存在时间上的延迟，更存在地理位置上的跨越，要避免数据不被窃听，基本是不可能的。

（2）IP 地址欺骗：攻击者通过改变自己的 IP 地址来伪装成内部网用户或可信任的外部网络用户，发送特定的报文以扰乱正常的网络数据传输，或者是伪造一些可接受的路由报文（如发送 ICMP 的特定报文）来更改路由信息，以窃取信息。

（3）源路由攻击：报文发送方通过在 IP 报文的 Option 域中指定该报文的路由，使报文有可能被发往一些受保护的网络。

（4）端口扫描：通过探测防火墙在侦听的端口，来发现系统的漏洞；或者事先知道路由器软件的某个版本存在漏洞，通过查询特定端口，判断是否存在该漏洞。然后利用这些漏洞对路由器进行攻击，使路由器无法正常运行。

（5）拒绝服务攻击：攻击者的目的是阻止合法用户对资源的访问，如通过发送大量报文使网络带宽资源被消耗。

2）应用层攻击

应用层有多种形式，包括探测应用软件的漏洞、特洛伊木马等。

3）系统级攻击

不法分子利用操作系统的安全漏洞对内部网构成安全威胁。另外，网络本身的可靠性与线路安全也是值得关注的问题。

网络构建及组成中，网络设备仅完成网络级安全的防范。针对以上提到的各种安全隐患，安全网络设备必须具有如下的安全特性：可靠性与线路安全、身份认证、访问控制、信息隐藏、数据加密、攻击探测和防范、安全管理等方面的内容。

5．安全设计原则

1）完整性

网络安全建设必须保证整个防御体系的完整性，一个较好的安全措施往往是多种方法适当综合的应用结果。单一的安全产品对安全问题的发现处理控制等能力各有优劣，从安全性的角度考虑需要不同安全产品之间的安全互补，通过这种对照、比较，可以提高系统对安全事件响应的准确性和全面性。

2）经济性

根据保护对象的价值、威胁及存在的风险，制定保护策略，使系统的安全和投资达到均衡，避免低价值对象采用高成本的保护，反之亦然。

3）动态性

随着网络脆弱性的改变和威胁攻击技术的发展，使网络安全变成了一个动态的过程，静止不变的产品根本无法适应网络安全的需要。所选用的安全产品必须及时地、不断地改进和完善，及时进行技术和设备的升级换代，只有这样才能保证系统的安全性。

4）专业性

攻击技术和防御技术是网络安全的一对矛盾体，两种技术从不同角度不断地对系统的安全提出了挑战，只有掌握了这两种技术才能对系统的安全有全面的认识，才能提供有效的安全技术、产品、服务。这就需要从事安全的公司拥有大量专业技术人才，并能长期地进行技术研究、积累，从而全面、系统、深入地为用户提供服务。

5）可管理性

由于该职能局是事业编制但采用企业管理的管理特色，安全系统在部署的时候也要适合这种管理体系，如分布、集中、分级的管理方式在一个系统中要同时满足。

6）标准性

遵守国家标准、行业标准及国际相关的安全标准，是构建系统安全的保障和基础。

7）可控性

网络安全的任何一个环节都应有很好的可控性，它可以有效地保证系统安全在可以控制的范围，而这一点也是安全的核心。

8）易用性

安全措施要由人来完成，如果措施过于复杂，对人的要求过高，一般人员难以胜任，有可能降低系统的安全性。

6. 安全组网建议

完整的安全体系结构应覆盖系统的各个层面，由网络级安全、应用级安全、系统级安全和企业级安全 4 个部分组成。

网络级安全是指在物理层、链路层、网络层采取各种安全措施来保障网络的安全；应用级安全是指采用应用层安全产品和利用应用系统自身专有的安全机制，在应用层保证对网络各种应用系统的信息访问合法性；系统级安全是指通过对操作系统（UNIX、NT）的安全设置和主机监控，防止不法分子利用操作系统的安全漏洞对内联网构成安全威胁；企业级安全是指从建设内部安全管理、审计和计算机病毒防范 3 方面来保障网络的安全。因此作为一个完整的系统，必须对网络系统进行全方位的考虑。

针对各种安全隐患，安全网络设备必须具有如下的安全特性：可靠性与线路安全、身份认证、访问控制、信息隐藏、数据加密、攻击探测和防范、安全管理等方面的内容。

针对该单位的网络状况及业务需求，对网络安全设计提出以下建议。

1）设备间互连安全

设备进行远程互连时，需要进行相互认证，以确定对端为合法的操作者或连接者。特别是在 PSTN 这样全网可达的网络里，拨号备份时，认证更是必需的，利用路由器支持的回拨功能，可在口令及物理线路上双重保护网络的安全。

路由表是路由器转发数据包的基本依据，不正确的路由表将会导致不可预知的后果，因此必须保证动态路由协议获取正确的路由信息，这可以利用路由协议的认证机制来进行路由器之间交换路由信息的认证，只接收信任路由器发送来的路由信息，从而避免非法路由的入侵。

2）局域网安全

在局域网上实现此功能的主要手段是 VLAN 技术，基于以太网交换机端口的 VLAN（IEEE 802.1q），配合三层交换机/路由器网关的访问控制列表，可以有效控制内部网络的无授权访问，保证网络内部的安全；另外可结合交换机的流量限速功能，对有恶意发送攻击报文及被病毒感染的机器可起到限速隔离作用。

3）广域网上的数据保密

部分广域网设备能提供链路数据加密功能，协议支持 IPSec、IKE、AH 和 ESP 等，散列算法支持 MD5 和各种 SHA，加密算法支持从独特的硬件加密算法到 3DES，另外还同时支持多种网络层次隧道协议（L2TP、GRE、IPSec、VPDN 等），能够支持敏感数据在 Internet 上的安全传输，鉴于该单位网络当前的网络规划中二级单位均使用专线，并且带宽有限，不建议在网络中大量使用加密及隧道技术。

4）设备级安全

设备级安全主要指保障设备配置不被非法篡改或查阅。实现此级安全的措施包括如下几方面的建议：串口配置 LOGIN 口令，系统配置 ENABLE 口令，配置 TELNET 登录口令，广域网口配置列表过滤非指定地址段的 TELNET 请求。

7.　网络管理设计

通过对该单位全网的分析和规划，建立能够适应其网络工程现在的管理需求和将来发展的全面综合网络管理系统，完成对整个网络的集中监控、集中维护和集中管理，同时提供对于网络应用和业务的管理，以业务和用户为中心，提供基于业务和用户的网络管理系统。

网络管理解决方案应作为运行维护体系的组成部分考虑，将其整合在综合服务管理平台中，实现对其网络系统及相关存储资源的集中而统一的管理，从整体角度监视和把握各层面的运行和变化状况，主动发现问题和自动识别问题，实现网络与系统运行管理的智能化与高效性。

8.　网管系统的建设目标

网管系统建设的总体目标是基于整个业务网络，按照业务和用户为中心的建设原则，实现对整个网络的集中监控、集中维护和集中管理，保证整个网管系统符合该单位网络工程骨干网的运维要求，提供对全网网络状态、质量、资源、调配、安全、业务、用户等的综合管理，并充分适应其网络工程骨干网将来的发展，保护对网管系统的投资，在将来很长一段时间符合单位网络工程骨干网和社会管理应用业务的发展，提供无缝的管理规模的升级和管理功能的扩展。具体目标如下。

（1）实现对整个工程全程全网的集中监控、集中维护和集中管理，实时显示网络线路通断及占用情况。

（2）实现对网络、网络设备的故障告警的集中监控、集中显示，提供故障告警的定位、故障原因分析和相关性分析。

（3）实现全网的性能流量分析，提供端到端的流量流向、全网的流量流向、交换机等重要设备的性能监控。

（4）实现网络各级节点的资源管理，核心节点的容量、占用率，其他节点的容量、使用率的统计分析。

（5）通过分级和集中式管理方式，提供对其他新增设备、新增业务管理的无缝升级，提供对新增功能的无缝升级。

（6）通过分级分权管理模式，实现对管理角色的不同权利和不同操作范围的权利划分，使高级管理者、一般网络管理人员和用户享有自己权限范围内的管理功能。

（7）提供 C/S 和 B/S 两种管理界面，使各类管理功能和管理人员可以通过多种方式，在任何地方实现管理功能。

（8）全网设立一套 TFTP（Trivial File Transfer Protocol，普通文件传送协议）服务器，用以备份全网核心路由/交换设备的配置，实现快速恢复。

9. 网络管理中心建设

网络管理中心为网络运行机构的一个组成部分，其工作主要包括负责处理日常网络故障、完成各种生产需求的网络支持、定时网管网络运行情况、网络性能参数及网络安全的各类信息，并填写值班日志及安全日志，定期将辖内交换机的配置文件备份到备份数据库，负责编写网络设备、网络拓扑、网络配置的资料文档。网络管理系统分为 4 层，即网元管理层（EML）、网络管理层（NML）、业务管理层（SML）和事务管理层（BML）。整个网管系统部署在中心机房，网络管理中心如图 8-25 所示。

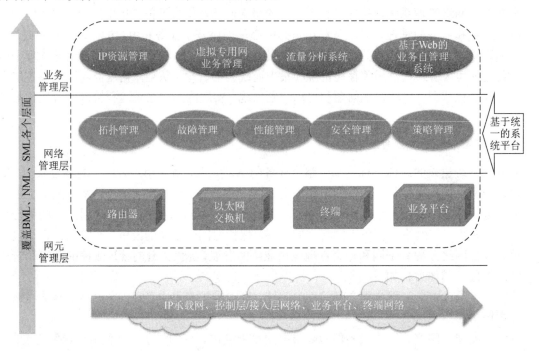

图 8-25　网关系统总体架构

中心网管中心负责管理国资委网络，网管中心的管理内容包括专线线路管理、路由器管理、交换机管理和针对各种安全产品的管理。专线线路的管理实时显示网线路通断及占用情况；路由器管理包括性能、告警、配置及相关的路由表的管理；交换机管理包括拓扑、性能、告警、配置管理等；针对各种安全产品的管理包括拓扑、性能、告警、配置管理等。

8.4.6　产品选型

本次改造建设的单位网络根据其使用的系统数据及未来的语音流、视频流、数据流等信息都需要在该网上传输，因此对网络的可靠性、稳定性、时效性及服务质量等都有较高的要求。在设备选型中需要注意本项目网络应用的以下几个特点。

（1）考虑网上办公的普及和视频业务带宽的增加与普及，所以设备对业务的处理性能在3～5年后会有较高的要求。

（2）作为企业网的核心，要求设备可以长时间地不断电运行，保证业务不间断地在网上运行，同时该设备还能够提供高密度的接入。

（3）随着线路资费的不断下调，带宽也不断增加，路由器将会作为内部 GE 和外部宽带的连接设备。而一般的中低端路由器是无法提供宽带接口如 GE、155M POS 等接口的。

（4）由于将来多业务会在网络上开展，多业务在网上开展所使用的如服务质量、访问控制列表等服务策略，以及 RIP、OSPF 等协议的综合使用都对设备有较高的要求。

除以上与本项目自身需求相关的特点外，还有一些设备选型需要特别关注以下因素。

1. 设备性能价格比

设备的性能价格比是选型决策的重要考虑因素。在保证项目需求的各项技术规格、指标要求的前提下，尽量降低系统造价。

2. 售后服务

售后服务包括如下内容。

（1）设备的保修期。

（2）是否在中国有备件库，这样一旦发生硬件故障时可以及时得到更换。

（3）是否提供在线式服务，以便获得技术咨询和支持。

（4）故障报告的响应时间。

（5）公司的经济、技术实力和市场占有率，这一定程度上反映了其产品的信誉。

（6）设备的技术先进性，这是选型的首要考虑因素。

（7）设备对未来新技术的适应能力，反映设备的可扩展性，这是保护项目投资的一种策略。

（8）设备的技术性能指标。

（9）设备使用的方便程度，这体现设备的可维护性。

（10）设备在大型网络中的应用情况，它反映设备的适应性和可靠性。

（11）网络管理系统的集成性、开放性和功能，它反映网络管理系统是否能对网络全面深入的管理，以及它对异构网络的适应能力。

（12）设备的标准化程度和可扩充性，反映对网络规模扩展的适应能力。

（13）是否有长期稳定的优惠政策。

（14）交货期的时限和信用，这对工程能否如期完成有重大影响。

（15）系统软件的升级条件是否优惠。

（16）差错的检测与隔离能力，这是网络可靠性的重要保证。

（17）手册与培训，反映用户能否较快地掌握设备的使用。

基于对上述设备选型因素的综合考虑，认定中兴公司的产品是满足本次工程建设要求的恰当选择。

3. 设备选型

1）核心交换机：中兴 ZXR10 3928

千兆路由交换机中兴 ZXR10 3928 是一款高性能的二三层路由交换机，设备支持完善的路由协议、访问控制列表、服务质量、流量限制、VLAN、802.1x、抗病毒攻击等功能，可以实现二三层数据的线速转发。ZXR10 3928 是中兴通讯推出的定位于企业网和宽带 IP 城域网接入层，提供中低密度的以太网端口，非常适合作为信息化智能小区、商务楼、校园网、电子政务网等网络的汇聚设备，为用户提供高速、高效、高性价比的汇聚方案；非常适合作为大型企业集团、高档小区、宾馆、大学校园网的网络核心/汇聚设备，具有良好的可扩展性。

2）汇聚接入交换机：中兴 ZXR10 2826S

中兴快速以太网交换机 ZXR10 2826S 可配置 100 Mb/s、1 000 Mb/s 光口上连到汇聚节点。ZXR10 2826S 提供完备的以太网协议族支撑，具备灵活多样的管理手段，充分满足下接用户到桌面的需求，同时支持 802.1x 等认证机制，配合实现对接入用户的管控。另外 ZXR10 2826S 还支持无线和堆叠等特性功能。

3）办公网服务器区域防火墙：ZXSEC US6110

办公网防火墙需要集成 UTM 防火墙、VPN、入侵检测和防护、内容过滤和流量控制、反垃圾邮件功能。中兴通讯的 ZXSEC US6110 拥有 4 个千兆多模光口、4 个千兆铜口，并可扩充至 16 个千兆光口，所以选择它作为办公网防火墙。

ZXSEC US6110 需求是专用的基于 ASIC 的硬件产品，在网络边界处提供了实时的保护。基于内容处理器，UTM 能够在不影响网络性能情况下检测有害的病毒、蠕虫及其他基于内容安全威胁的产品，系统集成了 UTM 防火墙、VPN、入侵检测和防护、内容过滤和流量控制功能，并且提供了高性价比、方便的和强有力的解决方案来检测、阻止攻击，防止不正常使用和改善关键网络应用的服务。

4）广域网路由器：中兴 ZXR10 GER08

中兴 ZXR10 GER08 不但能够提供高密度高速接口，接口类型丰富，还能够提供多种广域网接入接口和与下行防火墙连接的千兆接口。此设备具有强大的网络地址转换功能，可以实现 VLAN 的透传和交换，同时还具有出口路由器的丰富功能，包括实现远程虚拟专用网接入、组播等多种业务功能，具有灵活的组网能力。

5）广域网防火墙：中兴 ZXSEC US1300

广域网防火墙需要集成 UTM 防火墙、VPN、入侵检测和防护、内容过滤和流量控制、反垃圾邮件功能，所以可选择中兴通讯的 ZXSEC US1300 作为广域网防火墙。ZXSEC US1300 防火墙需求是专用的基于 ASIC 的设备，防御多种攻击，可以实现千兆级别的网络安全防护。采用全面内容检测和重组技术，是基于硬件的内容检测引擎，它可以实现可靠的千兆吞吐量。

所有 ZXSEC US1300 产品都可以简便地部署于现有的网络，用于防病毒和内容过滤，或者作为网络防护的全方位解决方案。高可用性和冗余热插拔电源模块可以实现对关键业务的不停机操作。ZXSEC US1300 防火墙每天都可以通过厂家安全服务网络实现升级，该网络是为升级服务提供数据的，确保 UTM 24 h 防御最新的病毒、蠕虫、木马和其他攻击。

6）网络管理：中兴 NetNumen N31 网管平台

中兴通讯的 NetNumen N31 综合数据网管平台是基于新的 Internet 技术，按照自下而上规则设计的高度用户化、电信级、跨平台的数据网络管理平台，适用于管理中兴通讯的所有数据产品设备，涵盖网元管理、网络管理、业务管理。

4. 产品清单

产品设备清单如表 8-8 所示。

表 8-8　产品清单

序号	名称	规格及参考型号	说明
1	核心交换机	中兴 ZXR10 3928	核心层设备
2	汇聚接入交换机	中兴 ZXR10 2826S	汇聚层设备
3	办公网服务器区域防火墙	中兴 ZXSEC US6110	内网安全保护
4	广域网路由器	中兴 ZXR10 GER08	路由设备
5	广域网防火墙	中兴 ZXSEC US1300	部署于网络边界，提高运维效率
6	入侵防护设备	中兴入侵保护系统	在网络边界提供入侵防护能力
7	双因素认证系统	RSA SecurID 标准版服务器	用于网络设备、操作系统的双因素认证
8	消磁机、碎纸机	消磁机、碎纸机	用于磁盘、光盘、纸制等作废重要数据的销毁
9	网络准入控制 补丁升级系统	中兴桌面安全管理套件	包括补丁管理及补丁管理中心、网络准入控制、资产管理
10	防病毒系统	Symantec SEP（集成 IPS、防病毒功能）	包括服务器防病毒软件和病毒管理中心
11	SoC 系统	中兴 SoC 系统	对网络设备、服务器、数据库等日志进行集中管理、审计
12	数据库安全审计系统	中兴数据库运维审计系统	数据库操作监测、审计、违规告警、应急响应等
13	运维审计系统	中兴运维安全审计	对运维人员的操作进行安全审计、权限控制、违规告警等
14	网管软件	中兴 NetNumen N31	对整个网络设备的管理
15	虚拟磁带库	中兴虚拟磁带库	存放备份的重要数据
16	备份软件	Symantec 备份软件	实现对重要数据的自动备份
17	SAN 集中存储	SAN 光纤交换机 中兴 ZXF20 S600 磁盘阵列 SUN 文件共享系统	数据集中存储管理
18	容灾系统	中兴 ZXF20 DR/DL、S600 RVM	应用级保护、业务不中断
19	应用服务器	中兴 ZXF20 R520、R700	提供计算运行平台
20	高可用性设计		系统的高可用性设计在系统建设时必须考虑，需要单独考虑

思考与练习

1. 简述二层交换机和三层交换机的不同。
2. 根据实验室现有的路由器和交换机设备型号，对比分析路由器和三层交换机的功能。
3. 简述三层交换技术及其给局域网组网带来的优势。
4. 简述三层交换机的工作原理。
5. 图 8-26 所示是使用三层交换机实现 VLAN 间数据通信示意图，请根据此图完成三层交换机的配置。

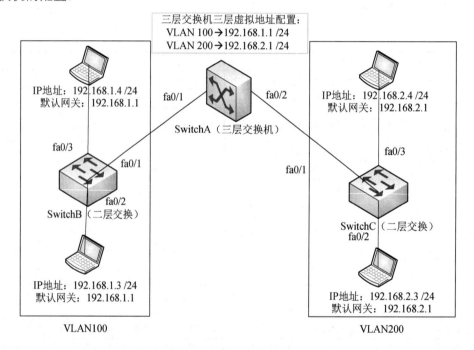

图 8-26　VLAN 数据通信

```
Switch> enable
Switch#  ___(1)___
Switch (vlan)# vlan 100
Switch (vlan)# vlan 200
Switch (vlan)# exit
Switch# configure terminal
Switch(config)# hostname SwitchA
SwitchA(config)#  ___(2)___
SwitchA(config-if)# ip address 192.168.1.1 255.255.255.0
SwitchA(config-if)# exit
```

```
SwitchA(config)# interface vlan 200
SwitchA(config-if)#_____(3)_____
SwitchA(config-if)# exit
SwitchA(config)# interface fastethernet 0/1
SwitchA(config-if)# switchport mode trunk
SwitchA(config-if)# switchport trunk encapsulation dot1q
SwitchA(config-if)# exit
SwitchA(config)# interface fastethernet 0/2
SwitchA(config-if)#_____(4)_____
SwitchA(config-if)#_____(5)_____
SwitchA(config-if)# exit
SwitchA(config)#_____(6)_____
```

6. 图 8-27 中路由器 A 运行 IGRP，路由器 C 运行 RIPv1，为了使所有子网互联，请给出路由器 B 的配置。

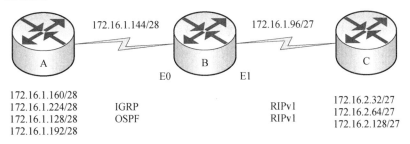

图 8-27　路由器连接拓扑

7. 图 8-27 中路由器 A 运行 OSPF，路由器 C 运行 RIPv1；为了使所有子网相互连通，请给出路由器 B 的配置。

8. 找一个登录比较慢的网站，用 Wireshark 追查 Web 应用反应慢的问题。请写出抓包工具显示的数据包发送、接收的时间，然后分析是哪方面的原因导致反应延迟的问题。

9. 简述主动攻击和被动攻击的特点，并列举主动攻击与被动攻击现象。

10. 计算机病毒诊断技术有多种方式方法，以下（　　）是病毒的检测方法。

A．比较法
B．特征码比对法
C．漏洞评估法
D．行为监测法
E．分析法

11. 网络钓鱼的主要伎俩有（　　）。

A．发送电子邮件，以虚假信息引诱用户中圈套

B．建立假冒网站，骗取用户账号密码实施盗窃

C．利用虚假的电子商务进行诈骗

D．利用木马和黑客技术等手段窃取用户信息后实施盗窃活动

E．利用用户弱口令等漏洞破解、猜测用户账号和密码

12．在信息安全中，最常用的病毒隐蔽技术有（　　　）。

    A．Hook 挂钩机制　　　　　　　　　　B．修改注册表

    C．修改内存指针地址　　　　　　　　　D．以上都不是

13．关于"云安全"技术，下列描述正确的是（　　　）。

    A．"云安全"技术是应对病毒流行和发展趋势的有效和必然选择

    B．"云安全"技术是云计算在安全领域的应用

    C．"云安全"将安全防护转移到了"云"，所以不需要用户的参与

    D．Web 信誉服务是"云安全"技术应用的一种形式

14．企业网络中使用"云安全"技术的优势是（　　　）。

    A．"云"端超强的计算能力

    B．本地更少的病毒码存储资源占用

    C．病毒码更新时更少的带宽占用

    D．能检测的病毒量更少

15．请检查个人计算机是否被 ARP 病毒攻击，写出具体步骤及相关命令和结果。若有被 ARP 欺骗，请列出找到病毒主机的具体步骤及命令。

16．以自己所住的宿舍楼为例，对目前的网络现状和需求进行调查分析，撰写需求分析报告。

17．以你所在的学校为例，你会怎么规划校园网？请写出具体的设计方案。

需求说明：涉及学校的行政楼、教学楼、实验楼、宿舍楼等。

方案设计要求：

（1）画出网络综合设计拓扑结构图，并标明设备数量级所选设备的基本规格。

（2）该设计方案中必须包括设计原则、设计思路、需求分析、网络规划设计、项目实施计划、售后服务承诺等内容。

（3）做出 IP 地址规划说明和 VLAN 划分说明。

（4）要求根据项目需求做出设备配置清单。

附录 常用计算机网络技术缩略语

缩写	英文全称	中文全称
ACM	Association for Computing Machinery	美国计算机协会
ADC	Analog-to-Digital Convent	模数转换
ADPCM	Adaptive Digital Pulse Code Modulation	自适应数字脉冲编码调制
ADSL	Asymmetric Digital Subscriber Line	非对称数字用户线
AI	Artificial Intelligence	人工智能
ANSI	American National Standard Institute	美国国家标准协会
ARP	Address Resolution Protocol	地址解析协议
ARQ	Automatic Repeat Request	自动请求重发
ASCII	American Standard Code for Information Interchange	美国信息交换标准代码
ATM	Asynchronous Transfer Mode	异步传输模式
ACL	Access Control List	访问控制列表
AS	Autonomous System	自治系统
BBS	Bulletin Board System	（电子）公告板系统
BFT	Binary File Transfer	二进制文件传输
BISYNC	Binary Synchronous Communications	二进制同步通信
BMP	BitMap	位图
bps	bits per second	位每秒
BRI	Basic Rate Interface	基本速率接口
BGP	Border Gateway Protocol	边界网关协议
BOOTP	Bootstrap Protocol	引导程序协议
CA	Certificate Authority	认证中心
CCCII	Chinese Character Code for Information Interchange	汉字信息交换码
CCITT	International Telegraph and Telephone Consultative Committee	国际电报电话咨询委员会
CDDI	Copper Distributed Data Interface	铜线分布式数据接口
CGI	Common Gateway Interface	通用网关界面
CISC	Complex Instruction Set Computer	复杂指令集计算机
CMOS	Complementary Metal Oxide Semiconductor	互补金属氧化物半导体
cps	characters per second	字符每秒
CPU	Central Processing Unit	中央处理器
CRC	Cycle Redundancy Check	循环冗余检验
DAC	Digital-to-Analog Convent	数模转换
DARPA	Defence Advanced Research Project Agency of the Department of Defense	（美国）国防高级研究计划局

续表

缩写	英文全称	中文全称
DCE	Data Communication Equipment	数据通信设备
DDE	Dynamic Data Exchange	动态数据交换
DDN	Digital Data Network	数字数据网络
DES	Data Encryption Standard	数据加密标准
DHCP	Dynamic Host Configuration Protocol	动态主机配置协议
DHTML	Dynamic Hyper Text Makeup Language	动态超文本标记语言
DLL	Dynamic Link Library	动态链接库
DMA	Direct Memory Access	直接存储器存取
DNS	Domain Name Server	域名服务器
DNS	Domain Name System	域名系统
DOS	Disk Operating System	磁盘操作系统
DRAM	Dynamic Random Access Memory	动态随机存取存储器
DSL	Digital Subscriber Line	数字用户线路
DSP	Digital Signal Processing	数字信号处理
DSP	Digital Signal Processor	数字信号处理器
DTE	Data Terminal Equipment	数据终端设备
ECC	Error Checking and Correcting	错误侦测校正
EIA	Electronic Industries Association	电子工业协会
E-Mail	Electronic - Mail	电子邮件
EPP	Enhanced Parallel Port	增强型并行端口
EPROM	Erasable Programmable Read Only Memory	可擦可编程只读存储器
FAT	File Allocation Table	文件分配表
—	Full Duplex	全双工
FDD	Floppy Disk Drive	软盘驱动器
FDDI	Fiber Distributed Data Interface	光纤分布式数据接口
FTP	File Transfer Protocol	文件传送协议
GIF	Graphic Interchange Format	可交换图像数据格式
GPS	Global Positioning System	全球定位系统
GSM	Global Standard for Mobile Communication	全球移动通信系统
HD	Half Duplex	半双工
—	Hard Disk	硬磁盘
HDD	Hard Disk Drive	硬盘驱动器
HDTV	High Density Television	高密度电视
—	Hexadecimal System	十六进制
HPPI	High Performance Parallel Interface	高性能并行接口
HTML	Hyper Text Makeup Language	超文本标记语言
HTTP	Hyper Text Transfer Protocol	超文本传输协议
Hz	Hertz	赫兹
IBM	International Business Machines	国际商业机器公司
IC	Integrated Circuit	集成电路

缩写	英文全称	中文全称
ICP	Internet Content Provider	因特网内容提供者
IDF	Intel Developer Forum	英特尔开发者论坛
IDG	International Data Group	国际数据集团
IDSL	Internet Digital Subscriber Line	因特网数字用户线
IEEE	Institute of Electrical and Electronics Engineers	电气电子工程师学会
IFF	Interchange File Format	文件交换格式
IIS	Internet Information Server	因特网信息服务器
IP	Internet Protocol	网际协议
IPX	Internetwork Packet eXchange	网间分组交换
IR	Interrupt Request	中断请求
ISA	Industry Standard Architecture	工业标准体系结构
ISDN	Integrated Services Digital Network	综合业务数字网络
ISO	International Organization for Standardization	国际标准化组织
ISP	Internet Service Provider	因特网服务提供者
IT	Information Technology	信息技术
JPEG	Joint Photographic Experts Group	联合照相专家组
Kbps	Kilobits per second	千位每秒
KB	KeyBoard	键盘
Kb	Kilobit	千位
KB	KiloByte	千字节
LAN	Local Area Network	局域网
LANE	Local Area Network Emulation	局域网络仿真
LCD	Liquid Crystal Display	液晶显示
MAN	Metropolitan Area Network	城域网
Mbone	Multicast Backbone	多播骨干网
MIDI	Music Instrument Digital Interface	乐器数字接口
MTBF	Mean Time Between Failures	平均无故障工作时间
MTTR	Mean Time To Repair	平均修复时间
NAT	Network Address Translation	网络地址转换
NC	Network Computer	网络计算机
NCSA	National Center for Supercomputing Applications	国家超级计算机应用中心
NFS	Network File System	网络文件系统
NIC	Network Information Center	网络信息中心
—	Network Adapter	网卡
NNTP	Network News Transfer Protocol	网络新闻传送协议
NOCC	Network Operations Control Center	网络操作中心
NT	Network Terminal	网络终端
—	New Technology	新技术
NTFS	NT File System	NT 文件系统
OA	Office Automation	办公自动化

缩写	英文全称	中文全称
OCR	Optical Character Recognition	光学字符识别
OS	Operating System	操作系统
OSI	Open System Interconnection	开放系统互联
PAP	Password Authentication Protocol	密码认证协议
PC	Personal Computer	个人计算机
PCB	Printed Circuit Board	印制电路板
PCI	Peripheral Component Interconnect	外围设备互连
PCMCIA	Personal Computer Memory Card International Association	个人计算机存储卡国际协会
PDA	Personal Digital Assistant	个人数字助理
PICS	Platform for Internet Content Selection	因特网内容选择平台
PnP	Plug and Play	即插即用
POP	Post Office Protocol	邮局协议
PPP	Point to Point Protocol	点对点协议
PPTP	Point to Point Tunneling Protocol	点对点通道协议
PRI	Primary Rate Interface	基群速率接口
PSN	Packet Switching Network	包交换网
QoS	Quality of Service	服务质量
RAID	Redundant Arrays of Inexpensive Disks	磁盘冗余阵列
RAM	Random Access Memory	随机存储器
RARP	Reverse Address Resolution Protocol	逆地址解析协议
RISC	Reduced Instruction Set Computer	精简指令集计算机
ROM	Read Only Memory	只读存储器
RTS	Request To Send	请求发送
SCSI	Small Computer System Interface	小计算机系统接口
SDRAM	Synchronous Dynamic Random Access Memory	同步动态随机存储器
SET	Secure Electronic Transaction	安全电子交易
SHTTP	Secure Hyper Text Transfer Protocol	安全超文本传输协议
SMTP	Simple Mail Transfer Protocol	简单邮件传输协议
SNMP	Simple Network Management Protocol	简单网络管理协议
SPP	Standard Parallel Port	标准并行端口
SQL	Structured Query Language	结构化查询语言
SRAM	Static Random Access Memory	静态随机存取存储器
SSD	Solid-State Disk	固态磁盘
SSL	Secure Sockets Layer	安全套接层
STP	Shielded Twisted Pair	屏蔽双绞线
Tb	Terabit	太位
TB	TeraByte	太字节
TCP/IP	Transmission Control Protocol / Internet Protocol	传输控制协议/网际协议
TDM	Time Division Multiplexing	时分复用
TFTP	Trivial File Transfer Protocol	普通文件传输协议

续表

缩写	英文全称	中文全称
UDP	User Datagram Protocol	用户数据报协议
UPS	Uninterruptible Power Supply	不间断电源
URL	Uniform Resource Locator	统一资源定位系统
USB	Universal Serial Bus	通用串行总线
VDSL	Very high-bit-rate Digital Subscriber Line	甚高速数字用户线
VLAN	Virtual Local Area Network	虚拟局域网
VPN	Virtual Private Network	虚拟专用网
VR	Virtual Reality	虚拟现实
WAN	Wide Area Network	广域网
WAP	Wireless Application Protocol	无线应用协议
WWW	World Wide Web	万维网
XML	eXtensible Markup Language	可扩展置标语言

参 考 文 献

[1]谢希仁. 计算机网络 [M]. 6 版. 北京：电子工业出版社，2013.

[2]许圳彬，王田甜，胡佳，等. IP 网络技术 [M]. 北京：人民邮电出版社，2012.

[3]何小东，曾强聪. 计算机网络原理与应用 [M]. 北京：中国水利水电出版社，2008.

[4]刘晶磷. 计算机网络概论 [M]. 北京：高等教育出版社，2005.

[5][美]KUROSE J F，ROSS K W. 计算机网络自顶向下方法 [M]. 6 版. 陈鸣，译. 北京：机械工业出版
社，2014.

[6]文鸿，刘铁武，杨杰. 计算机网络 [M]. 长春：吉林大学出版社，2016.

[7]陈绥阳，边倩，陈晓范. 计算机网络技术 [M]. 北京：北京理工大学出版社，2012.

[8]尚晓航. 计算机网络技术基础 [M]. 3 版. 北京：高等教育出版社，2008.